젊은 과학도들의 워너비 사이언티스트

카이스트 영재들이
반한 과학자

젊은 과학도들의 워너비 사이언티스트

카이스트
영재들이 반한
과학자

오한결, 정유선, 박지원, 정서윤 외 카이스트 학생들 지음

살림Friends

차례

제1부 과학자의 꿈, 카이스트의 꿈

제2부 과학도의 길, 카이스트의 길

과학과 함께해서 행복한 사람들

믿기 어려우시겠지만, 세상에는 실제로 그런 사람들이 존재합니다. 과학을 공부해서 즐겁고 행복한 사람들! 인문학을 전공한 제가 10년 전부터 뜻하지 않게 살을 부대끼며 살게 된 이곳 카이스트 사람들이 그렇습니다. 세상에는 각양각색의 사람들이 살고 있고, 취향도 적성도 제각각입니다. 그들 모두를 이해한다는 것은 애초부터 불가능합니다. 저도 처음에는 이곳 카이스트 사람들이 낯설고 이해하기 어려웠지만 10년 동안 한솥밥을 먹다 보니 이제는 어느 정도 이해가 될 듯도 합니다.

이 책을 펼쳐 든 사람들이라면 누구나 수학과 과학을 공부해 보셨을 것이고, 아침부터 밤까지 수학과 과학 그리고 그것이 응용된 과목들만 공부한다는 것이 어떤 느낌일지 상상하실 수 있을 겁니다. 하지만 과학 기술 분야에 종사하는 독자가 아니시라면 그 느낌은 대부분 틀렸을 겁니다. 이곳 카이스트 사람들에게 수학과 과학은 도전하고 넘어서야 할 거대한 벽과 같은 존재일 수 있겠지만 결코 지루하거나 고통스러운 학문은 아닙니다. 가슴 떨리는 첫사랑과 같은 존재라고나 할까요? 물론 그래서 끝까지 그 느낌을 이어 가지 못하는 경우도 없지는 않습니다.

제가 인문학을 공부하면서도 느낀 것이지만 과학을 의무감이나 사명감으로 공부하기는 어렵습니다. 진정으로 과학을 사랑하지 않고서는, 몇 년 동안이라면 몰라도 한평생 과학과 함께 살아가기는 어렵습니다. 때로 절망하고 좌절할 수 있겠지만 그 때문에 포기하지 않는 것이 사랑이라면, 이곳 카이스트 사람들에게 과학은 그런 의미입니다.

이 책은 '내가 사랑한 카이스트 나를 사랑한 카이스트' 총서의 세 번째 책입니다. 2년 전 이맘때 간행된 『카이스트 공부벌레들』에서는 카이스트 학생들이 캠퍼스와 기숙사에서 실제로 어떻게 살아가고 있는지 소개했습니다. 작년 이맘때 간행된 『카이스트 명강의』에서는 카이스트 강의나 강의실과 얽힌 재미있고 감동적인 이야기를 담았습니다. 이번에 독자 여러분께 찾아가는 『카이스트 영재들이 반한 과학자』는 제목 그대로 카이스트 학생들에게 과학의 꿈을 심어 준 존경하는 과학자나 과학 동네에서 만난 특이하고 재미있는 사람들에 관한 이야기를 엮었습니다.

이 책에서 소개하고 있는 과학자들은 해당 분야에서 최고의 업적을 남긴 사람도 있고, 최고의 과학자가 되기 위해 준비하는 사람도 있고, 미국 드라마 〈빅뱅 이론〉의 쉘든처럼 과학 동네에서만 만날 수 있는 괴짜도 있습니다. 다양한 과학자가 소개되고 있지만 과학을 즐기고 과학과 함께해서 행복한 사람들이라는 공통점이 있습니다. 이곳 카이스트 사람들은 과학을 즐기고 사랑하는 사람들이고 또한 그런 사람들이 되기 위해 오늘도 도서관에서, 연구실에서 밤을 지새우고 있습니다.

도대체 과학과 함께해서 행복한 사람들이란 어떤 사람들일까요? 과학이 얼마나 즐겁고 행복한 것인지, 즐겁고 행복하게 과학을 연구한 결과가 인류의 삶을 얼마나 아름답고 풍요롭게 만들었는지, 독자 여러분과 함께 나누고 싶습니다.

- 전봉관(카이스트 인문사회과학과 교수)

과학과 인문학 그리고 글쓰기로
설정하는 삶의 지표

이 책은 카이스트에서 열린 '제3회 내가 사랑한 카이스트, 나를 사랑한 카이스트' 글쓰기 대회의 우수작들을 엮은 것이다. 대회의 주제는 '과학 하는 사람들'이었다. 다소 추상적인 이 주제에 대해서 우리들은 다양한 이야기를 풀어냈다. 널리 알려진 과학자의 삶을 들려주기도 하고, 이상적인 과학자상이나 과학자의 직업윤리에 대해 이야기하기도 하며, 카이스트에서 만난 과학인이나 단체와 관련된 특별한 경험을 소개하기도 했다.

이 책에 실린 글 한 편 한 편은 모두 카이스트 학생들의 생생한 경험담이자 우리가 평소에 하는 생각들이다. 글을 쓰는 동안 존경하는 과학자들의 삶에 우리의 삶을 비춰 볼 수 있었고, 또 앞으로 과학자로 살아가게 될 삶의 지표를 설정할 수 있었다.

이를 확대하면 글쓰기나 작문이 우리 과학도들에게 어떤 의미가 있는지를 말할 수 있다. 대개 과학도들에게는 인문학적 소양이 요구되지 않고 글쓰기도 그만큼 중시되지 않았다. 하지만 우리는 글쓰기와 함께할 때 과학자로서의 삶이 더 가치 있고 풍요로워짐을 느꼈다. 이 책을 읽는 독자들도 설령 과학도의 삶을 살지 않더라도 이런 인문학적 소양과 글쓰기에 대해 긍정적으로 생각한다면 좋겠다. 특히 과학도를 꿈꾸는 청소년 독자들이 삶의 지표를 설정하는 데 있어서, 다만 몇 년이라도 먼저 과학도의 길을 걷고 있는 우리의 진솔한 이야기가 자그마한 도움이 될 수 있으면 더 바랄 것이 없겠다.

책의 1부에서는 널리 알려진 과학자를 중심으로, 2부에서는 카이스트 학생들이 주변에서 꼽은 과학인을 중심으로 소개했다. 언급했듯이 글의 소재는 다양하다. 어찌 보면 중구난방일 수도 있는 우리의 생각과 글을 통해 독자들이 과학인의 삶을 살아가는 방법에 대해 공감해 주면 좋겠다.

끝으로 우리의 글이 출판되기까지 아낌없는 조언을 해 주시고 대회를 진행해 주신 카이스트 인문사회학부 교수님들, 편집의 노고를 함께 해 주신 출판사 관계자분들, 원고를 작성해 준 카이스트 학우 여러분, 또 이 출판 프로젝트를 가능하게 해 주신 카이스트 인문사회과학과에 감사의 말씀을 드린다.

제1부
과학자의 꿈, 카이스트의 꿈

이상적인 과학자 로버트 거스리

생명화학공학과 09 오한결

과학자헌장이 제정되기까지

과학은 미지의 세계를 알고 싶은 강렬한 호기심과 열정을 가진 사람들로부터 시작되었고 우리는 이들을 과학자라고 부른다. 최초의 과학자인 탈레스부터 지동설을 외친 코페르니쿠스와 만유인력의 법칙을 발견한 뉴턴을 거쳐 상대성 이론과 통일장 이론을 발전시킨 아인슈타인까지, 과학자들은 인류의 생각의 틀을 바꾸었고 문명을 진보시켰다.

사실 '과학자'라는 말이 등장한 것은 굉장히 최근이라고 할 수 있는 19세기 초이다. 이전까지는 '자연 철학자'라고 불렸으며 사회적 역할 또한 현재의 과학자와는 달랐다. 19세기 이전의 과학자는 과학을 업으로 삼지 않는 아마추어 과학자들이 대부분이었다. 그러나 과학 연구가 점점 더 전문화되고 고도화되는 19세기 후반이 되자 아마추어 과학자가 이를 감당하긴 힘들어졌다. 그래서 고등 교육 기관에 전문적인 연구 과정과 다수의 연구소가 설립되었고 이러한 노력이 현재와 같은 전문직으로서의 과학자를 양성하는 토대가 되었다.

이때부터 서양의 과학자들은 국가적인 지원을 받는 경우가 많아졌는데 현재에 이르러서는 특정 자연 과학 분야의 경우, 국가적 지원이 없으면 연구 기관의 존폐 자체를 걱정해야 할 정도로 과학에 대한 사회 전반적인 지원이 보편화되었다. 따라서 이러한 지원하에서 유지되는 과학과 그 연구의 산물이 사회에 공익으로 환원되어야 하는 것은 어찌 보면 너무나 당연한 일이다.

'과학의 사회 환원'이라는 과제는 두 번의 세계대전과 맞물려 그 논란이 더해졌다. 이전까지의 추상적이고 기초적인 자연 과학에서 벗어나 그 기술적 응용의 첨단을 보여 주었던 두 번의 세계대전을 통해 인류는, 과학이 어떻게 인류를 파멸의 길로 몰고 갈 수 있는지 명백하게 알게 되었다. 이에 과학자들은 개인적·사회적으로 과학 연구의 의미와 영향에 대해 깊이 자각하게 되었다. 그리하여 1948년 세계과학자연맹(World Federation of Scientific Workers)에서 과학자의 사회적 책임에 대해 논의한 끝에 '과학자헌장(Charter for Scientific Workers)'을 채택하였다.

과학자헌장엔 무엇이 담겨 있나

과학자헌장은 과학자의 사회적 역할과 책임에 대해 시사하는 바가 크다. 이 헌장에는 "과학자라는 직업에 시민이 보통의 의무에 대해 지는 책임 외에 특수한 책임이 따른다."라는 점을 지적하고 "특히 과학자는 대중이 가까이하기 어려운 지식을 갖고 있거나 그것을 쉽게 가질 수 있기 때문에 이런 지식이 선용되도록 전력을 다하지 않으면 안 된다."라고 선언하고 있다.

이러한 책임을 위해 과학자는 세 가지 측면에서 노력을 기울여야 한다고 말하고 있는데 그중 첫 번째인 '학문으로써의 과학'에 대해서는 과학 연구의 건전성을 유지하고 과학적 지식의 억압과 왜곡에 대해 저항하며 과학적 성과를 완전히 공표하는 등의 과제를 말하고 있다. 즉 과학적 지식 자체의 순수성과 결과의 완전성이 지켜져야 한다는 것이다.

이어 '사회적 역할'에 대해서는 과학이 당면한 경제적·사회적·정치적 문제들이 갖는 의미를 연구하고, 아울러 기아 및 질병과 싸움으로써 모든 사람의 생활과 노동 조건을 평등하게 개선하기 위해 연구할 것 등을 말하고 있다. 여기서 주목할 것은 기아 및 질병과 싸우고 생활과 노동의 수준을 평등하게 개선한다는 가치 판단적일 수 있는 명제를 헌장에 규정하고 있다는 것이다.

마지막으로 '세계'에 대해서는 전쟁의 근원을 연구하는 동시에 과학자의 노력이 전쟁 준비로 전환되는 것에 반대할 것까지 포함하고 있다. 이는 아마도 세계대전에서 확인했던 핵무기의 충격적인 여파 때문일 것이다.

과학자헌장에서 언급된 과학자가 노력을 기울여야 할 분야 중 '사회적 역할'을 먼저 들여다볼 필요가 있는데 이는 특히 사회적 문제와 연관

되는 과학자의 책무가 이 글의 궁극적인 주제인 '이상적인 과학자상'을 언급하는 데 중요한 요소이기 때문이다. 과학자헌장에서는 이에 대하여 기아 및 질병에 대한 대책을 연구함으로써 모든 나라의 생활과 노동 조건을 평등하게 개선하기 위한 연구를 할 것을 말하고 있다. 언급했듯이 대단히 의외라고도 할 수 있는 부분인데 이것이 '평등'이라는 가치 판단적인 요소를 포함하고 있기 때문이다.

물론 기아와 질병에 의해 고통받지 않는 것은 인간의 당연한 권리이고 추구되어야 할 보편타당한 삶의 질이다. 하지만 '평등'이라는 가치가 다른 가치들보다 우선적으로 추구되어야 하는지, 보편적으로 옳거나 그르다고 판단하기 힘들다.

특히 제3세계의 현실이 그렇지 않다는 것을 우리는 익히 알고 있다. 제국주의적 국제 관계의 산물인 제3세계의 빈곤과 같은 문제는 차치하고라도, 에이즈·에볼라 출혈열과 같은 난치병은 물론 말라리아 같이 치료가 가능한 병에 대해서조차 제대로 된 의료 서비스를 제공받지 못하는 곳이 제3세계이다. 또한 가장 중요한 생존 필수 요소인 식수 이용률에서도 선진국과 큰 차이를 보인다. 사하라 이남 아프리카 지역의 전체 식수 공급량 중 먹을 수 없는 물의 양은 51퍼센트에 달하는데 이는 선진국의 2퍼센트에 비하면 너무나 큰 차이가 난다.* 때문에 60여 년 전에 만들어진 헌장에서 매우 보편타당한 가치를 주장했음에도 불구하고, 무엇이 이와 이토록 동떨어진 현실에 직면하게 만들었는지 생각해볼 필요가 있다.

* 유니세프(UNICEF) 보고서 참조. http://www.childinfo.org/water_status_trends.html

사회적 책무에 충실했던 과학자, 로버트 거스리

문제의 본질을 들여다보기 전에 잠시 내가 가장 존경하는 과학자인 로버트 거스리(Robert Guthrie) 박사를 소개하고자 한다. 거스리 박사는 신생아를 대상으로 간단하게 시행할 수 있는 '아미노산 대사 이상증 감별 방법'을 발견했다. 이는 특정 대사 물질에 대한 대사 장애를 보유한 미생물 균주를 이용하여 검사 대상 혈액 내 특정 대사산물의 증가 유무를 확인하는 선별 검사법의 일종이다. 이를 이용하여 페닐케톤뇨증과 같은 병의 증상이 나타나기 전에 빠르고 정확하며 간단한 방법으로 확인할 수 있게 되었다.

거스리 박사의 발견은 앞서 언급한 뉴턴, 아인슈타인의 발견에 비하면 지식으로써의 가치가 높게 평가될 수 없을지도 모른다. 하지만 거스리 박사는 자신의 이러한 검사법의 사용에 대해서 어떠한 특허나 권리 또는 로열티도 요구하지 않았고 덕분에 '거스리 시험(Guthrie's test)'으로

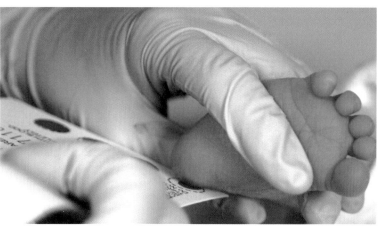

거스리 시험은 신생아의 발뒤꿈치에서 소량의 혈액을 뽑아내 그에 존재하는 생체분자를 모두 체크하는 혈액 검사 방식을 말한다.

알려진 이 간단하고 획기적인 검사법이 널리 쓰이게 된 것이다. 때문에 되돌리기 힘든 신경계 손상을 입기 전에 많은 신생아들이 적절한 치료를 받을 수 있게 되었다. 거스리 박사만큼 과학자헌장의 사회적 책무를 충실히 수행한 과학자는 없을 것이다. 그는 자신의 과학적 발견을 보편타당한 가치의 평등한 추구를 위해 기부한 것이다.

물론 대부분의 과학자가 국가적·사회적으로 지원을 받거나 이윤 추구가 목적인 기업의 지원을 받아 과학 연구를 진행하고 있으니 거스리 박사의 기부를 그대로 본받으라고 강요할 수는 없다. 또한 아무리 획기적인 발견을 했더라도 과학자가 헌장의 원칙에서처럼 기부한다는 결정을 독단적으로 내릴 수도 없을 것이다. 바로 이러한 내용에서 왜 60여 년 전에 주창한 보편타당한 가치의 평등한 추구가 제대로 실현되지 못하고 있는지 단초를 찾을 수 있다.

한마디로 표현하자면, 과학이 가치중립적이지 않기 때문이다. 과학이 가치중립적이지 않다는 것은 그것이 추구하는 진리 자체의 객관성과는 다른 성격의 사회적 책무가 따른다는 것이다. 현대의 과학 연구는 누군가로부터 자원을 투자받아서 이루어진다. 따라서 이러한 자원, 즉 연구비의 배분이 어떻게 되느냐에 따라서 과학의 발전 방향이 전혀 다르게 나타날 수 있다.

예를 들어 생물학 내에서도 유전공학적 응용을 주로 다루는 분자생물학 분야가 환경 문제 해결에 기초적 역할을 할 수 있는 생태학 분야에 비해서 훨씬 많은 연구비를 배분받아 왔으며, 이에 생물학 전체의 연구 방향이 분자생물학 쪽으로 기울어지고 있다. 또한 천문학적인 액수의 연구비가 사회적으로 유용하고 보편타당한 가치를 추구하는 연구보다는 군사적으로 유용한 연구나 상업적으로 이윤을 극대화해 줄 수 있는 연구에 집중적으로 배분되고 있다.

이렇듯 사회적 자원의 비대칭적인 배분으로 말미암아 진행되는 과학적 연구와 그 업적들을 가치중립적이라고 볼 수 없는 것이다. 즉 과학의 탐구 자체는 객관적이고 중립적일 수 있어도, 이를 가능케 하는 원동력이 중립적이지 않은 이상 그 결과가 가치중립적이지 않다는 뜻이다.

보편타당한 가치를 추구하지 못한 책임을 누구에게 물을 것인가?

이러한 관점에서 볼 때 혹자는 지난 60여 년간 제대로 실현되지 못한 보편타당한 가치의 평등한 추구가 과학자의 책임이라기보다는 사회적 자원을 배분하는 정치가·기업가의 책임이라고 말할 것이다. 그렇다고 과학자들이 이러한 책임에서 자유로운 것은 아니다. 과학자는 기계가 아니고 스스로 가치 판단을 내릴 수 있는 인간이다. 로버트 오펜하이머(John Robert Oppenheimer)는 핵무기를 개발하면서 (대중에게 알려진 사실과는 다르게) 미군부의 협박 때문이 아니라 최고의 물리학자 반열에 들고 싶다는 개인적 욕심 때문에 '맨해튼 프로젝트(Manhattan Project)'의 연구 책임자가 되었다. 그러나 자

로버트 오펜하이머.

신이 만든 핵무기가 수십만 명의 목숨을 앗아간 것을 알았을 때 그는 죄의식을 느꼈다.

사회적 자원을 극도로 잘못 배분한 정치가들에게 1차적 책임이 있으나, 그에 따른 명예와 금전적인 보상을 기대한 오펜하이머와 같은 과학자들 또한 사회적 책임을 통감해야 한다. 비대칭적으로 투자된 사회적 자원으로 과학자들의 배가 부르는 순간 그들이 하는 과학은 절대로 가치중립적일 수 없다.

로버트 거스리 박사를 존경하는 진짜 이유가 바로 여기에 있다. 거스리 시험의 로열티를 두고 거스리 박사는 연구비를 지원했던 에임사(Ames)와 마찰을 빚었다. 거스리 박사는 거스리 검사 키트의 최초 생산분 500 키트에 키트당 6달러라는 싼 값을 책정하길 바랐다. 하지만 이의 생산을 맡은 에임사는 키트당 262달러를 책정하려고 했다. 이에 거스리 박사는 미국 아동국에 강하게 항의하여 자신의 주장을 관철시켰다.

즉 비정상적이며 보편타당한 가치를 추구하지 못하는 행태를 정면으로 반박하고 이를 뒤집은 것이다. 거스리 박사의 용감한 행동으로 인해 과학자들은 더 이상 과학의 객관성이나 가치중립성이라는 방패 뒤에 숨어서 책임을 회피할 수만은 없게 되었다.

이상적인 과학자상에 대하여

그렇다면 참된 과학자의 자세와 이상적인 과학자상이 어떠해야 하는지 생각해 봐야 할 것이다. 다시 과학자헌장으로 돌아가자. 헌장은 첫 번째로 과학적 지식의 순수성을 말한다. 과학자는 있는 사실을 탐구

신생아를 안고 있는 로버트 거스리 박사.

하는 사람이다. 귀납적 방법이든 연역적 방법이든 과학자들은 '사실'이 무엇인가에 초점을 맞춘다. 이렇듯 오직 진실된 사실, 진리를 탐구하는 자세와 이것의 순수성을 지키려는 자세는 이상적인 과학자의 첫 번째 상일 것이다.

헌장의 두 번째를 짚기 전에 세 번째를 먼저 보면, 과학자의 노력이 전쟁 준비의 방향으로 전환되는 것에 반대할 것을 말하고 있다. 이는 너무나 당연한 명제이기에 군이 이렇듯 명문화하여 이상적인 과학자상의 한 모습으로 지적하지 않아도 될 것 같아 보인다. 그러나 70여 년 전의 일에서도 알 수 있듯이 이를 간과하는 실수를 범하는 과학자들이 분명히 존재했다. 이 점을 잊어서는 안 될 것이다.

헌장의 두 번째이자 이 글에서 말하고자 하는 이상적인 과학자상의 마지막 모습은 사회적 책임을 다하는 모습이다. 분명히 언급했듯이 과학은 가치중립적이지 않다. 과학을 가치중립적이지 않도록 만든 것은 사회적 자원의 비대칭적인 배분 때문이다. 비대칭적인 배분을 만드는 것은 정치가와 기업가이지만 과학자들은 그들을 방패 삼아서는 안 된다. 과학자들은 자신들의 연구를 가능하게 한 국가·사회·기업으로부터의 지원과 자신들의 연구 결과가 가져올 사회적 영향에서 자유로울 수 없다. 그러므로 과학자들은 자신의 연구 가치를 인정하면서도 사회적 책임이라는 문제를 좀 더 객관적으로 엄격하게 바라보는 자세를 가져야 할 것이다.

　이상으로 이상적인 과학자상이 무엇인지, 또 이상적인 과학자가 사회적 책임에 대해 가져야 할 자세는 무엇인지에 대해 살펴보았다. 물론 거스리 박사처럼 가치중립적이지 않은 모습이 자신의 엄격한 잣대에 어긋날 경우에는 확실한 판단과 결정을 내리는 모습도 필요하다고 생각한다. 하지만 이런 모습은 현실적으로 보기 힘든 모습이기에 이를 이상적인 과학자상의 필수 요소로 넣기에는 무리가 있을 것 같다. 모든 과학자들이 이상적인 과학자상을 가지고, 모든 기업가와 정치가 들이 과학이 가치중립적일 수 있는 사회적 자원의 배분을 이루어 준다면 그때서야 비로소 과학은 올바른 길을 갈 것이며, 인류의 오래된 문제인 기아와 질병의 문제도 과학의 힘으로 해결할 수 있을 것이다.

공학으로 예술을 창조한 테오 얀센

산업디자인학과 12 박지원

15세기 이탈리아에 한 사람이 있었다. 그는 〈모나리자〉, 〈최후의 만찬〉을 비롯해 수많은 미술 작품을 남겼으며 원근법을 개발하고 수학적 비율을 그림에 적용했다. 하늘을 나는 기구와 잠수복도 발명했다. 새로운 농사법을 개발했고 대규모 토지 개발을 위한 굴착기도 발명했다. 의학자들보다 세심하게 동물과 인간의 인체 해부도를 그려 의학의 발전에도 크게 기여했다. 바로 레오나르도 다 빈치(Leonardo da Vinci)이다.

예술가이자 과학자이며 기술자였던 다 빈치는 다양한 분야에서 천재성을 드러냈다. 어떻게 한 사람이 여러 분야에서 이렇게나 위대한 업적을 이룰 수 있었을까. 다 빈치가 살던 시대에 그는 신이 내린 천재로 신성시되었다. 다양한 분야에 걸쳐 호기심을 가졌고 인류 발전에 큰 공헌을 한 그는 어쩌면 융합이 가장 큰 이슈인 이 시대에 꼭 필요한 인재가 아닐까 싶다. 다 빈치 같이 다방면에 천재성을 가진 인재가 필요한 지금, 15세기에 레오나르도 다 빈치가 있었다면 21세기에는 테오 얀센(Theo Jansen)이 있다고 말할 수 있다.

살아 있는 레오나르도 다 빈치, 테오 얀센

테오 얀센은 조각가로 잘 알려져 있다. 하지만 얀센의 작품들을 잘 들여다보면 공학자이자 생물학자로서의 모습도 찾아볼 수 있다. 그의 작품은 살아 움직이는 조각인 '키네틱 아트(kinetic art)'로, 움직임이 없는 기존의 조각들과는 달리 동력에 의해 실제로 생명체가 움직이는 것처럼 만들어졌다.

델프트 공과대학교(Delft University of Technology)의 물리학과에서 공부하던 테오 얀센은 벌레의 모습에 영감을 받아 공학적 지식을 바탕으로 실제 생명체의 움직임을 닮은 기계 생물들을 만들게 된다. 그리고 자신의 모든 작품들을 생명체로 여겨 각각의 작품에 작품명 대신 학명을 붙인다. 이를테면 '아니마리스 불가리스', '아니마리스 쿠렌스 벤토사' 같이 말이다. 예술가이자 공학자, 생물학자인 그는 「더 폭스크란트(De Volkskrant)」의 칼럼니스트로도 활동하고 있다. 테오 얀센은 서로 다른 학문이나 기술 간의 융합이 중요한 이 시대에 걸맞은 인물로, 내가 가장 존경하는 과학자이다.

사실 나는 과학자보다는 디자이너를 꿈꾸고 있다. 산업디자인을 전공하고 있는데 공학도 좋아하고 디자인도 좋아하는 나에게 테오 얀센은 공학자이자 디자이너로서의 정체성을 분명히 세울 수 있도록 영감을 주었다. 뛰어난 공학자와 예술가로서의 모습뿐만 아니라 자신의 작품에 대한 애정이나 자연에 대한 사랑까지도 보여 주는 테오 얀센은 나의 꿈을 일깨워 주었고 내가 롤 모델로 삼고 있는 공학자이자 예술가이다.

테오 얀센과의 첫 만남, 그리고 알파카의 탄생

내가 테오 얀센을 처음 알게 된 것은 지난 가을 학기에 들었던 수업 '제품디자인 공학'에서였다. 과목명에서도 알 수 있는 것처럼 이 과목은 우리 학과의 다른 전공과목과는 달리 공학 위주의 디자인 과목이다. 수업 초반에 교수님은 공학이 디자인에 적용되는 여러 사례들을 보여 줬는데 그중 하나가 바로 테오 얀센의 '키네틱 호스(Kinetic Horse)'였다. 기계적인 구조로 이루어져 있었지만 실제로 살아 있는 말이 걷는 것과 같이 움직이는 모습이 내 머릿속에 깊이 각인되었다. 하지만 나는 여느 학생들처럼 많은 과제와 시험에 바쁜 일상을 보내면서, 신선한 충격을 주었던 테오 얀센의 작품에 대해 잊어 가고 있었다. 그러던 어느 날, 테오 얀센을 다시 만나게 될 기회가 찾아왔다.

수업의 마지막 과제로 '키네틱 애니멀 프로젝트(Kinetic Animal Project)'가 나왔던 것이다. 키네틱 애니멀 프로젝트는 수업 시간에 배웠던 메커니즘 디자인을 바탕으로 실제로 움직이고 걸을 수 있는 동물을 만드는 것이었다. 재료는 자유롭게 사용할 수 있었고 동물을 움직이게 할 동력으로는 모터를 사용할 수가 있었다. 실제 동물의 골격과 움직임을 분석해서 그 동물처럼 움직일 수 있게 해야 했다. 나는 과제를 하기 위해 테오 얀센에 대해 찾아보았고 테오 얀센의 메커니즘을 이용해서 동물을 만들기로 했다.

동물로는 알파카를 선택했다. 알파카를 선택한 이유는 두 가지였다. 우선 다리 구조가 말과 비슷해 테오 얀센의 메커니즘을 활용하기에 적당한 것 같았다. 두 번째로는 평소에 털이 복슬복슬하고 귀여운 알파카를 닮았다는 말을 자주 들어서 애정이 갔기 때문이다. 먼저 알파카의 골격에 맞는 메커니즘을 만들기 위해 알파카의 골격 구조를 찾았다. 알파카가 실제로 어떤 움직임으로 걷는지도 알아보았다. 그러고는 본격적으로 메커니즘 디자인을 시작했다.

각각의 다리 길이를 재서 기본 뼈대의 비율을 정했고 테오 얀센의 메커니즘을 참고해서 하나의 동력, 즉 하나의 축의 회전만으로 네 개의 다리가 걷는 모습으로 움직이도록 만들었다. 그렇게 만든 다리를 모터가 달린 몸통에 붙였고 머리랑 꼬리까지도 예쁘게 만들어 붙여 알파카를 완성시켰다. 결과는 성공적이었다. 전원을 켜자 모터가 돌면서 다리가 움직이기 시작했다. 테오 얀센의 키네틱 호스처럼 나의 알파카도 살아 움직이는 것처럼 느껴졌다.

처음 키네틱 호스를 봤을 때의 감동이 다시 살아났다. 알파카를 바닥에 내려놓았을 때는 더 감격적이었다. 덜컹대며 움직이던 발이 한 발, 한 발 바닥을 박차기 시작하더니 알파카가 조금씩 앞으로 나아갔다. 밤새 이것저것 자르고 이어 붙이느라 피폐해진 몸과 마음이 움직이는 알파카를 보자 단번에 생기를 찾았다. 직접 내 손으로 만든 것이어서 더 애착이 갔고 새로운 생명체의 탄생을 보는 것 같은 기분이 들었다. 테오 얀센도 자신의 작품이 처음 움직이는 모습을 봤을 때 이런 기분이었을까. 얀센이 그의 작품들에, 작품명이 아닌 생명체에게나 붙이는 학명을 붙일 때의 마음이 이해가 되었다. 꿈틀대며 움직이는 작품은 평범한 조각이 아닌 하나의 생명체로 느껴졌을 것이다. 내가 그날 새벽 나의 알파카의 탄생을 보며 느꼈듯이 말이다.

키네틱 애니멀 프로젝트를 진행하면서 이름밖에 몰랐던 테오 얀센에 대해 더 많이 알게 되었고 그에 대한 애정과 존경심도 생겨났다. 또한 직접 나의 동물을 만들면서 얀센을 더 깊게 이해하는 마음도 생겼다. 테오 얀센이 물리학을 전공한 공학자이자 키네틱 아트를 만들며 예술가로 활동하고 있다는 점이 나와의 공통점처럼 느껴져 반가웠다. 평소에 롤 모델이 없던 나는 테오 얀센을 롤 모델로 삼고 싶다는 생각이 들어서 그에 관한 자료를 관심을 갖고 찾아보게 되었다. 롤 모델답게 테오 얀센이 만든 작품과 그가 걸어온 길은 나에게 큰 영향을 주었다.

나의 롤 모델, 테오 얀센

나는 테오 얀센의 작품을 보고 예술적 영감을 얻었다. 내가 처음 접했던 '키네틱 호스'는 시작에 불과했다. 테오 얀센에 대해 알아보고 그의 작품들을 찾아보면서 나는 다시 한 번 놀랐고 실제 생물은 아니지만 생명의 경이로움을 느낄 수 있었다. 더 놀라웠던 건 그의 작품들이 인위적인 동력 없이 스스로 움직인다는 것이었다. 사람보다 커다란 물체가 바람의 힘만으로 움직인다는 사실은 보면서도 믿기 힘들었다. 관절

하나하나가 살아 있는 것처럼 움직이게 하기까지 얼마나 많은 시간과 노력을 들였는지 알 수 있었다. 나는 그 작품들을 보면서 예술적 영감을 얻은 것은 물론 자연에 대한 신비로움과 생명의 경이로움까지 느낄 수 있었다.

나중에 기회가 된다면 실제로 그 작품들을 보고 싶다. 2010년, 우리나라에서 테오 얀센의 전시가 열렸을 때 테오 얀센을 알지 못했다는 게 너무나도 아쉬웠다. 언젠가 네덜란드 여행을 가게 된다면 가장 먼저 테오 얀센의 작품을 보러 가기로 마음먹었다. 화면으로 본 것만으로도 이렇게 놀라운데 거대한 작품이 네덜란드의 바닷가를 거닐고 있는 모습을 실제로 본다면 어떤 느낌일지 상상조차 되지 않는다.

테오 얀센이 더 존경스러운 것은 자신의 작품에 대한 애정이 물씬 느껴지기 때문이다. 내가 나의 알파카를 보고 그랬듯이 테오 얀센도 자

2005년, 아르스 일렉트로니카 페스티벌(Ars Electronica Festival, 오스트리아 린츠에서 개최되는 세계적으로 가장 권위 있는 미디어아트 축제.) 중 린츠 광장에 전시된 '해양 생물(beach beast)'.

신의 작품이 하나의 생명체로 느껴지는 것은 당연할 것이다. 그는 이런 생각에서 그치지 않고 자신의 작품에 학명을 붙이는 것으로 작품에 생명을 불어넣어 주었다. 거대하고 움직이는 물체에 불과했던 것이 새로운 생명체로 탄생한 것이다. 테오 얀센의 작품들은 점점 발전해 가면서 움직임도 복잡해지고 종류도 다양해지고 있는데 그는 이것을 진화한다고 여긴다. 자신의 작품을 진화할 수 있는 생명체로 생각하는 것이다. 테오 얀센은 자신의 작품을 보고 "진화를 거듭하다 보면 스스로 생각하고 홀로 돌아다니게 될 것이다."라고 말한다. 자신의 작품에 대한 무한한 애정이 느껴지는 말이다. 또한 기계적인 구조로 이루어졌지만 생생하게 살아 움직이는 자신의 작품들을 새로운 생명체로 탄생시키고자 하는 테오 얀센의 세계관도 엿볼 수 있다.

나는 테오 얀센을 보면서 공학자이자 디자이너로서의 나의 정체성을 분명히 할 수 있게 되었다. 이공계 대학교인 카이스트에서 디자인을 전공하는 나는 두 분야 사이에 걸쳐 있어 어디에도 완전히 속하지 않은 것 같다는 생각을 한 적이 있다. 고등학생 때까지는 과학자를 꿈꾸며 공부해 왔지만 전공을 정하면서 평소에 흥미를 느꼈던 디자인을 선택하게 되었다. 적성에도 잘 맞고 선택을 후회한 적은 한 번도 없지만 공학자로서의 길을 가지 못한 것에 대한 아쉬움이 조금은 남아 있었다.

하지만 테오 얀센을 알게 되면서 공학과 디자인, 두 가지를 모두 할 수 있다는 희망을 품게 되었고 내가 선택한 길에 확신이 생겼다. 공학적 지식을 키네틱 아트 조각 작품을 만드는 데 활용한 테오 얀센을 롤모델로 삼아, 그와는 다른 방법이겠지만 공학자이자 예술가로서 펼칠 나의 꿈과 미래에 대한 기대를 품게 되었다.

예술과 과학의 조화

예술과 과학의 경계가 점차 사라지고 있다. 비단 예술과 과학뿐만 아니라 모든 학문과 기술 사이의 벽이 허물어지고 있다. 서로 간의 융합이 중요해지고 있고 모든 분야를 아우르는 인재가 필요한 사회가 되었다. 우리나라뿐만 아니라 세계를 이끌어 갈 카이스트 학생들도 자신의 전공을 한 분야로 국한하기보다는 여러 분야에 두루두루 관심을 가졌으면 한다.

테오 얀센도 물리학을 전공한 공학자였다. 실제 생물과 꼭 닮은 듯 움직이지만 사실은 복잡하고 기계적인 구조로 이루어진 테오 얀센의 작품들은 그가 물리학을 공부하지 않았더라면 절대 만들 수 없었을 것이다. 또한 평소에 벌레의 움직임에 호기심을 보이고 관찰하던 생물학적 호기심이 없었더라도 테오 얀센의 훌륭한 작품은 탄생하지 않았을 것이다. 물리학을 공부하며 쌓은 공학적 지식과 생명의 움직임에 대한 호기심이 만나 세계를 감동시키는 예술 작품이 탄생할 수 있었다.

어느 한 분야에서 두각을 나타내는 천재들은 다른 분야에서도 빛을 발하기 마련이다. 카이스트의 학생들은 테오 얀센이나 레오나르도 다 빈치같이 다방면에 능한 과학자가 될 능력을 충분히 갖추고 있다. 다양한 분야에 관심을 가지고 개방적으로 받아들일 수 있는 자세

테오 얀센. "예술과 공학의 장벽은 우리 마음속에만 존재한다."

또한 갖춘다면 이 시대를 이끌어 나갈 훌륭한 과학자가 될 것이라 믿어 의심치 않는다.

나는 카이스트 학생들을 비롯해 과학자의 꿈을 키우고 있는 학생들에게 나의 롤 모델인 테오 얀센을 소개해 주고 싶다. 테오 얀센은 "예술과 공학의 장벽은 우리 마음속에만 존재한다."라는 말을 했다. 그리고 작품들을 통해 정말로 예술과 공학 사이의 장벽을 없애면서 공학과 예술의 조화를 실현했다. 학문과 학문, 기술과 기술 사이의 장벽도 마음만 먹는다면 충분히 넘나들 수 있는 것이다. 과학자의 꿈을 가진 학생들이 테오 얀센을 보면서 자신이 연구하는 분야에 한계를 짓지 않았으면 하는 바람을 가져 본다. 과학도에게 있어 테오 얀센처럼 호기심을 가지고 적극적으로 탐구하여 다방면에 지식을 넓히는 것은 다른 어떤 자질보다 필요하다고 생각한다.

만들기 좋아하던 아이를
물리학도로 이끈 리처드 파인만

물리학과 12 유민상

어렸을 때부터 나는 무엇인가 만드는 것을 좋아했다. 종이 박스와 가위, 테이프만 있으면 이것저것 만들면서 시간 가는 줄 몰랐다. 완성품은 볼품없었지만 바라보기만 해도 흐뭇했다. 이렇게 만든 것은 대부분 가지고 놀기 위해 만든 장난감들이었는데 시간이 지나면서 꽤나 정교한 것까지 만들 수 있었다.

부모님은 초등학생 시절 대부분의 시간을 이렇게 무언가를 만들며 보냈던 나에게 한 권의 책을 선물해 주었다. 한 천재 과학자의 삶을 담은 책이었다. 그러나 책의 내용은 그의 천재성보다는 그가 얼마나 우리와 비슷한 사람인지, 또 얼마나 자신의 삶을 즐기면서 살았는지에 관한 것이었다. 나는 소설처럼 흥미진진한 이야기에 푹 빠졌다. 몇 번이고 같은 내용을 읽고 또 읽어도 질리지 않았고 책의 단어 하나, 숫자 하나까지 외워 버릴 정도가 되었다. 그러자 이 한 권의 책은 내 삶에 자연스럽게 스며들기 시작했다. 이 사람과 같은 길을 가면서 이처럼 즐거운 삶을 살고 싶다고 생각했다. 내가 지금까지 걸어온 이공계의 길, 물리학도로서의 길은 어렸을 때 받은 이 한 권의 책으로부터 시작되었다.

리처드 파인만(Richard Phillips Feynman)의 삶을 담은 이 책은 그가 얼마나 물리학을 '가지고 놀았는지'에 관해 이야기한다. 파인만이 어린 시절에 자신의 실험실을 만들어 다양한 장난을 치고 무언가를 분해하거나 만들다가, 결국 시간이 지나서도 여전히 물리학을 자신의 장난감처럼 다루는 모습이 그려져 있다. 내 모습과도 겹쳐 보여서 가슴이 두근거렸다. '나도 이렇게 해 보고 싶다.'라는 단순한 생각이 어린 나를 이끌기 시작했다.

물리학 공부에 대한 혼란

이렇게 물리학자로 성장하는 꿈을 갖게 된 나는 곧 물리학 세계에 뛰어들었다. 다행히도 처음 배우는 물리는 수학과 크게 다르지 않았고 평소에도 수학은 크게 어려워하지 않았기에 첫걸음은 쉽게 뗄 수 있었다. 이후 시간이 지나면서 많은 시행착오가 있었지만 무언가를 스스로 배운다는 것이 뿌듯했기에 억지로라도 나를 밀어붙였다. '이렇게 공부하면 나도 언젠가는 물리를 장난감처럼 가지고 놀 수 있겠지.' 라는 어린아이와 같은 막연한 생각만으로 길고 긴 길을 걷기 시작했다.

물리를 공부하기 시작하면서 공부의 의미를 물리학에 적용시켜 보면 깜짝 놀랄 때가 많았다. 처음에는 물리학과 수학이 비슷하다고 생각했다. 그런데 시간이 흘러 더 많은 것을 알게 되자 물리학이 단순한 수식만이 아니라는 것을 조금씩 알게 되었다. 고작 몇 줄의 수식 속에 우주가 담겨 있었다. 내가 살고 있는 이 세계 자체가 공부의 대상이라는 것을 깨달을 때마

리처드 파인만은 아인슈타인 이후 최고의 천재 물리학자로 평가되는 미국의 과학자이다. 1965년에 양자전기역학 이론으로 노벨물리학상을 수상했다.

다 자연의 커다란 움직임에 대한 경이로움을 갖게 되었다. 이러한 경이로움을 느끼는 즐거움, 이것이야말로 공부의 진정한 의미라고 생각했다. 공부를 해야 한다는 의무감이나 책임감, 혹은 주위의 기대에 부응하기 위해 공부하는 것이 아니라 순수하게 즐기기 위한 것, 그것을 나는 공부의 의미라고 생각했다. 그것만으로도 충분하다고 믿었다.

'즐기기 위한 공부를 하고 싶다.'라는 생각을, 나는 파인만의 책을 몇 번이나 읽어 가면서 알게 모르게 가슴속에 품었던 것 같다. 하지만 경이로움을 가지고 스스로 가슴속에 품었던 이 생각 때문에 많은 어려움을 겪기도 했다. 파인만의 책을 읽으면서 내 모습과 파인만의 모습을 겹쳐 보았던 나였지만, 시간이 지날수록 나는 그와 같을 수 없다고 생각하기 시작했다. 그와 같은 모습을 하고 있지 않다는 것, 내가 진심으로 물리학을 즐길 수 없을 거라는 위험한 생각을 나는 몇 년 동안이나

스스로 숨겨 왔던 것 같다.

즐기면서 공부하고 싶다는 어린 생각과 학업이 처음으로 충돌한 것은 내가 중학생 때였다. 당시 과학고등학교 입시 준비를 하느라 수면 시간이 부족했고 학업 스트레스와 함께 사춘기까지 겪고 있었다. 아침에 일어나자마자 학교에 가고 학교 수업이 끝나면 바로 학원에 가서 밤늦게 집에 돌아오는 생활이 반복되었다. 부모님과 보내는 시간보다 학원 선생님들과 있는 시간이 더 많았던 때였다. 계속되는 경쟁 속에서 내가 품고자 했던 우주에 대한 경이로움과 공부의 즐거움은 뒤로 밀려나 있었다. 힘들수록 자신을 밀어붙여야 한다는 생각과 학업의 압박이 나를 움직였다. 하지만 나는 공부의 의미를 잃어버린 스스로에게 실망했고 이런 내 모습을 애써 외면했다. 여러 선생님들과 상담도 하고 알 수 없는 울음이 터져 나오는 것을 간신히 막았던 적도 있다. 학원과 집을 자전거로 오가던 어느 날, 늦은 밤의 도로에서 차들이 지나가는 모습을 보며 했던 생각을 잊을 수 없다.

고등학교 생활도 비슷했다. 중학생 때 열심히 공부한 대가로 과학고등학교에 입학하게 되었지만 생활은 중학생 때와 크게 다르지 않았고 오히려 더 심해졌다.

그중에서도 한 사건을 잊을 수 없다. 모두가 힘들어했던 시험 기간, 나는 중학교 시절 친했던 친구의 아버지가 갑자기 돌아가셨다는 소식을 전해 들었다. 그때 나는 매우 혼란스러웠다. 부고를 들었던 것도 그렇지만 중간고사 시험 때문에 장례식장에 가야 하는지 말아야 하는지 고민이 되었다. 코앞에 닥친 시험을 잘 치르기 위해서는 장례식장에 가기 힘들다는 생각, 정말로 끔찍한 고민이었다. 내 자신이 이렇게 고민하고 있다는 사실을 깨닫게 되자 견딜 수가 없었다. '즐기면서 하는 것이 공부'라고 여겼던 것이, 중학교 시절의 입시와 고등학생 때의 경쟁 속에서 그 의미가 퇴색되어 버렸고 감정마저도 그 안에서 저울질되고 있었던 것이다. 나는 결국 장례식장에 가지 못했다.

대학교에 입학하고 나서는 자유로워졌고 시간도 많아졌지만 '공부'에 대한 혼란은 더욱 심해졌다. 주어진 자유와 시간 그리고 계속되는 혼란 속에서 고등학생 때의 연장 같았던 대학 1년을 지냈는데 이러다가는 언젠가 한계에 부딪힐 것을 알고 있었다. '즐기지 못하는 공부는 소용이 없을 것 같다.'라는 생각에 처음으로 물리학 공부를 손에서 놓아 보기도 했다. 많은 사람들을 원망했고 아이러니하게도 물리학 공부를 한 것을 내 인생의 굉장한 실수로 생각하고 의욕을 잃게 되었다. 이런 혼란 속에서 내가 해결할 수 있는 것은 없었다. 결국에는 자기혐오와 의욕 상실이 반복되고 스스로의 감옥에 나를 가두었을 뿐 아무것도 바뀌지 않았다.

잘 생각해 보면 순수하게 즐기기 위한 공부라는 것은 책에서만 가능한 일이고 현실에서는 정말로 힘든 일일지도 모른다. 힘내서 공부하다가도 언젠가 의욕이 떨어질 수도 있고 한계에 부딪힐 수도 있는 것이다. 시간이 지나 생각해 보니, 그때가 바로 그랬던 시기였던 것 같다. '즐기면서 할 수 있는 공부'라는 신념을 가슴속에 품고 있던 내가 이렇게나 쉽게 무너져 버리는 모습을 보고 무엇인가 결여되어 있는 것을 느낄 수 있었다. 앞만 보고 달리는 것만으로는 채울 수 없는 무엇인가가 있었다.

'지친 시기'를 극복하다

이제 와 돌아보니, 이것은 나만 느끼는 혼란이 아니라는 것을 알게 되었다. 카이스트 안에서도 많은 친구들이 이상과 맞지 않는 자신의 모습을 발견하고 실망하곤 했다. 그동안 공부에 지치고 좌절해 극단적인 선택을 하려는 학생들도 있었다. 자신이 하고 있는 공부의 의미를 찾지 못하고 방황하고 있었다.

뒤돌아보면, 끊임없이 이상을 추구하고 늘 노력하라는 말만 들었지, "마음의 여유를 가져라."라는 말은 들어 본 적이 없는 것 같다. 나는 계속되는 경쟁 속에서 여유롭지 못했다. 내가 가슴속에 품고 있던 '즐기기 위한 공부를 하고 싶다.'라는 이상과 겹치지 못하는 나 자신을 발견하고는 당황했다. 이렇게 당황하자 마음이 급해졌던 거라고 생각한다. 너무 마음이 급했던 나머지 주위를 둘러볼 생각을 하지 못하고 눈앞에 나타난 벽에 어쩔 줄 몰라 했다.

파인만도 한때 이런 시기가 있었다. "펜을 잡아도 한두 줄 끼적거리다가는 이내 아무것도 쓸 수 없었다. 아무런 아이디어도 떠오르지 않고 물리학을 즐길 수 없었다."라고 파인만은 회고했다. 그는 계속해서 아무것도 하지 못하고 『아라비안나이트』만 읽을 수밖에 없었던 자신에게 실망했고 그것이 반복되면서 점점 더 자신감을 잃어 갔다. 이때를 파인만은 '지친 시기'라고 말했다. 어렸을 때의 호기심과 열정, 두근거림을 갖지 못하고 단순히 자신이 해야 하는 일로써 물리학을 받아들인 시기였다.

나는 이런 '지친 시기'를 극복하기 위한 것이 바로 마음의 여유라고 생각했다. 여유, 그것은 한 발 물러서서 자신이 하고 있는 일을 커다란 그림으로 바라보는 것이다. 앞만 보고 달리던 나는 '한 발 물러나 바라본다.'라는 것을, 지금 직면한 문제로부터 도망치는 것이라고 믿었다. 문제를 외면하고 도망치는 것을 스스로 용납할 수 없었기에 지금까지 억지로라도 밀어붙였다. 하지만 그럴수록 스스로에게 상처를 주는 내 모습을 볼 수 있었다.

그렇다. 여유를 갖는다는 것, 이것은 도망치는 것이 맞을 수도 있다. 하지만 이것은 두 걸음을 나아가기 위해 한 걸음을 잠시 후퇴하는 것이다. 양옆을 둘러보고, 위아래와 앞뒤를 둘러보기 위하여 잠시 이리저리 고개를 돌리는 것이다. 그러면서 목 근육도 풀고 주위에 무엇이 있는지, 내가 무엇을 하고 있는지 생각하고 다시 나아가기 시작한다. 지치는 순간, 잠시 하던 것을 멈추고 자신을 가다듬고 정리할 수 있는 시간이다.

'나는 다른 사람들이 내가 성취하리라고 기대하는 대로 살 필요가 없다. 나에게는 그들이 기대하는 대로 살 의무가 전혀 없다.'라고, 『파인만 씨, 농담도 잘하시네!』(사이언스북스, 2000)에서 파인만은 말했다. 수많은 책임감과 여러 사람들의 기대 속에서 물리학을 '가지고 놀지 못하게' 된 파인만은 이런 생각으로 자신의 슬럼프를 극복했다. 생각해 보면, 파인만은 뭔가 흥미가 생기면 일단 달려들고 보는 타입이

리처드 파인만은 재기 넘치는 유머와 익살, 짓궂은 장난의 달인이자 뛰어난 봉고 연주자였다.

었다. 그는 물리학을 연구했지만 동시에 화가이면서 봉고 연주자였고 금고와 자물쇠를 여는 일이 취미였다. 나는 그가 이러한 방식으로 삶의 여유를 가졌다고 생각한다. 이런저런 핑계를 대며 할 수 없다는 생각보다 자신감을 가지고 하고 싶은 일을 찾아서 즐겼다.

이와 같은 이유로 여유를 갖는다는 것은 스스로를 굳게 믿는다는 뜻이기도 하다. 잠시 멈추더라도 자신을 믿고 침착할 수 있고 이상과 자신이 정확히 겹쳐지지 않더라도 당황하지 않는다면, 이상과 자신의 차이를 채울 수 있는 방법 또한 쉽게 찾을 수 있을 것이기 때문이다.

즐기면서 하는 공부를 위하여

나는 파인만의 삶 속에서 즐기며 하는 공부와 삶의 여유가 어떻게 어우러졌는지를 항상 되새겨 본다. 맨 처음 책을 읽고 나서 나는 그저 '공부를 즐기는 삶'을 목표로 앞만 보며 달렸다. 그러나 그것도 '이렇게 되었으면 좋겠다.'라는 막연한 생각이지, 그것을 어떻게 이룰 것인가에 대한 해답은 얻지 못했다. 그저 공부하고, 또 공부했을 뿐이다. 그리고 그 속에서 점점 이상과 멀어져 가는 나 자신을 발견하자 순식간에 무너져 버렸다. 경쟁에서 밀렸다는 초조함, 행복을 이루지 못했다는 절망감 같은 것들이 비극적으로 어우러졌을 때의 비참함을 나는 아직도 기억한다. 그렇기에 더욱 안타깝다. '즐기면서 하는 공부'라는 한쪽의 토대만을 세워 놓고 그 위에서 위태롭게 이공계의 길을 걸어온 내가 좀 더 일찍 '여유'라는 다른 토대를 알았더라면 훨씬 즐겁게 공부할 수 있지 않았을까, 하는 안타까움이다.

어렸을 때부터 무엇인가 만들기를 좋아했던 아이는 한 권의 책을 만나게 된다. 그 아이는 책의 주인공인 멀지 않은 과거에 살았던 위대한 천재 과학자로 인해 꿈을 품게 된다. 아이는 꿈을 향해 나아가는 추진력에 대해, 자기 자신을 밀어붙이는 방법에 대해 생각했다. 그러나 여유를 갖는 방법을 이해하기에는 너무 어렸다. 시간이 지나 아이가 자라고 꿈도 함께 자랐지만 아이는 점점 지쳐 갔고, 꿈과 대조되는 약하고 힘없는 자신의 모습에 점점 실망하기 시작했다. 아이는 더 이상 꿈을 쫓아가지 못해 그냥 포기하려고도 했다. 그러나 포기하려고 할 때 한 발 뒤로 물러난 아이는 마침내 주위를 잠시 둘러볼 수 있게 되었고 조금은 성장하게 되었다.

시간이 더 지나 한 발만으로는 부족한 시간이 올지도 모른다. 그러나 그때는 두 발, 세 발 더 물러나면 될 것이다. 더 물러난 만큼 주위를 잘 둘러볼 수 있게 될 것이다. 한 권의 책으로부터 시작한 여정에서 아이는 점점 더 주위를 둘러볼 수 있는 여유를 갖게 되었다.

가고 싶은 길, 갈 수 없는 길
그리고 그 길을 간 사람
마이클 패러데이

물리학과 11 정서윤

초조와 피로로 온몸이 뻐근하다. 시계는 무심히 바늘을 돌리고 종이 위를 내달리던 연필은 책상 위를 뒹군다. 과제를 마무리지었지만 어쩐지 불만족스럽다. 고민하다가 메신저를 열어 같은 수업을 듣는 친구와 답을 맞춰 봤다. 한숨이 나온다. 습관처럼 밤을 지새우고 강의실로 가는 길, 오늘도 하늘은 어슴푸레 밝아 온다. 문득 생각한다.

'나는 왜 문제 하나를 풀기 위해 매일 밤을 지새워야 할까?'

'왜 나에게만 어려운 걸까?'

부끄러운 고백을 하자면 나는 수학을 정말 못한다.

이공학도가 수학에 좀처럼 익숙해질 수 없다니 의아한 일이다. 늘

보는 것이 수와 식이고 늘 하는 것이 그걸 푸는 일인데 말이다. 자연 과학적인 혹은 공학적인 논리 전개 방식을 흔히들 '수학적 사고'라고 부르는 걸 떠올리면, 과학도에게 수학 실력은 정말 중요한 소양이라는 생각이 들곤 한다. 그저 '중요하다'는 표현으로는 부족하다. 마치 언어처럼. 그래! '수학은 자연법칙을 표현하는 기초적인 언어'라고 하는 것이 적절하겠다. 그러니 아무리 열심히 공부해도 끝끝내 수식을 이해하지 못한다면 아무것도 알지 못하는 것이라 치부한들 그리 틀린 말도 아닐 것이다.

그러니 소위 말하는 '훌륭한 과학자' 중에 수학을 못하는 사람이 있었으리라고는 상상하기 어렵다. 특히나 광학과 전자기학을, 물리학을 연구했던 학자라면 더더욱 말이다.

수학을 못했던 물리학자?

퀴즈를 하나 풀어 보자. '전자기학의 아버지', '역사상 최고의 실험 물리학자', '영국 국민이 가장 사랑하는 과학자'라고 불리는 사람이 있다. 이 사람은 누구일까? 갈릴레오 갈릴레이? 벤자민 플랭클린? 영국이라고 했으니 아이작 뉴턴이나 제임스 맥스웰일까?

정답은 마이클 패러데이(Michael Faraday)이다. 패러데이에 대해 소개

〈마이클 패러데이〉, 토머스 필립스, 1841~1842.

하자면 가장 먼저 '못 배우고 가난한'이라는 수식어가 떠오른다. 어떤 비하도 없이 있는 그대로의 의미에서 말이다. 그는 영국왕립학회(The Royal Society of London for Improving Natural Knowledge) 회장직에 추천받고도 두 번이나 그 자리를 거절하며 이렇게 말했다.

"저는 자격이 없습니다. 기본적인 읽기와 쓰기, 산수밖에 배우지 못한 사람입니다. 학교도 거의 다니지 못했습니다."

언뜻 보기엔 겸손이 지나치다는 느낌마저 든다.

하지만 실제로 패러데이는 전문적인 내용은 잘 이해하지 못했으며 수학이라면 간단한 대수학 정도만 풀 수 있었다고 한다. 여기서 말하는 간단한 대수학이라면, 우리나라의 중학교 수준과 비견될 정도이다. 그런 패러데이가 어떻게 당시의 콧대 높은 영국 과학계에 입성할 수 있었을까?

패러데이의 어린 시절

패러데이의 스승인 험프리 데이비(Humphry Davy)는 전기화학의 초석을 닦은 과학자들 중 한 명이다. 그리고 오늘날 사람들이 평하길, 고작 제본소 견습공에 불과했던 패러데이를 연구실 실험 조수로 들인 것이 험프리의 가장 큰 업적이라고 한다.

패러데이는 열 살에 학교를 그만둔 이후 신문 배달부 일을 하기 시작했다. 그 시절의 신문 배달은 앞 차례 사람이 신문을 다 읽으면 다음 차례 사람에게 가져다주고, 또 그 사람이 신문을 다 읽을 때까지 기다렸다가 회수해서 다음 사람, 또 다음 사람에게 배달하는 것을 반복하는 일이었다. 간신히 읽고 쓸 줄만 알았던 패러데이는 신문 배달부로 일하며 스스로 독해와 작문 실력을 길렀다.

13세가 되던 해에 그는 제본소에서 본격적인 생업을 배우기로 했다. 배움이 빠르고 말귀가 밝아 주변 사람들에게 큰 신뢰를 받았다고 한다. 특히나 서점 주인인 조지 리보는 그를 크게 배려해 주었다. 노트와 펜을 주어 일과가 끝나면 그날그날 공부한 내용을 옮겨 적을 시간을 주었고, 제본하던 책을 읽도록 허락하거나, 과학 강연에 대한 정보를 알려 주었으며, 과학을 공부하는 다른 사람들과 교류하는 것을 권하기도 했다. 마이클 패러데이는 그렇게 주변의 도움으로 과학자의 꿈을 품기 시작했다.

패러데이가 스무 살이 되던 해, 험프리 데이비가 실험실 조수를 구한다는 광고를 냈다. 광고를 본 패러데이는 그간 험프리 데이비의 강연을 듣고 공부한 386쪽짜리 노트를 데이비에게 보냈다.

존경하는 데이비 선생님. 선생님의 강의에 큰 감명을 받고 여기 그 내용을 정리한 책을 보내 드립니다. 비록 배운 것은 없지만 선생님께서 원하신다면 선생님의 일을 도와 드리며 과학을 좀 더 공부하고 싶습니다.

데이비는 1812년 겨울, 편지를 받자마자 패러데이를 채용했다. 아마 패러데이가 받은 최고의 크리스마스 선물이었을 것이다.

패러데이의 업적을 전부 나열하자면 지면이 부족할 것이다. 그는 교회의 의뢰를 받아 색 유리를 만드는 연구를 하기도 했고, 볼타가 개발한 화학 전지를 개선하기도 했으며, 영국의 산업화가 템스 강에 끼칠 영향을 염려해 환경과 생태에 대해 공부하기도 했다. 스승의 연구 결과를 이어받아 여러 종류의 기체를 액화한 것도, 방향족 탄화수소 벤젠을 발견한 것도, 모두 패러데이가 해낸 일이다. 무엇보다도 그는 전기와 자기가 서로 변환된다는 사실을 증명해 지금의 전기 시대를 연 주역이다.

나는 패러데이를 질투한다

중학생 시절 방과 후면 줄곧 도서관에서 책을 읽곤 했다. 서가에 꽂힌 순서대로 읽어 가다가 『전자기학과 패러데이』(바다출판사, 2006)에 손이 닿았던 날을 기억한다. 그날 이후, 나는 자신 있게 '패러데이는 내가 가장 존경하는 과학자'라고 말하곤 하지만 사실 내 마음은 질투에 가깝다. 자신의 한계를 확인한 사람이라면 누구나 걸려들었을 자각의 덫이다. 눈을 들어 미래를 바라보면, 노력하면 얼마든지 닿을 수 있을 것 같은 거리에 좀처럼 이를 수 없는 목표가 수없이 늘어서 있다. 그리고 나보다 앞서 그 꿈을 몇 개씩이나 움켜쥔 사람이 있었다. 어쩌면 이렇게 불평할 수 있을지도 모른다. '17세기엔 아직 밝혀진 과학적 현상들이 적어 연구할 소재가 많았다.', '패러데이는 운이 좋았을 뿐이다.', '그가 실제 업적에 비해 과대평가를 받고 있다.' 등등. 그러나 이런 식의 폄하는 자기합리화에 불과함을 이미 잘 알고 있다.

자신의 한계를 의심하지 않고 성장할 수 있는 것이 젊음의 특권이라고들 하던데, 어찌 된 일인지 내 머리 꼭대기는 이미 지붕에 닿아 버렸다. '아아, 나는 더 이상 이 방향으로 나아갈 수 없겠구나.'라는 슬픈 확신이 들 때면 두려움에 휩싸인다. 수학 문제 하나 능숙하게 풀어내지 못하는 내가 과학자를 꿈꿔도 괜찮을까? 꼭 이루고 싶은 목표가 있는데 그 방향으로 나아갈 수 있을까? 조금 더 현실적으로 말하자면, 이런 성적으로 대학원엔 갈 수 있을까? 진학하지 못하면 더 이상 과학 공부를 할 수 없는 걸까? 남 몰래 품어 온 꿈처럼 재야의 학자로 살아갈 수는 없을까? 알고 싶은 것이 있는데, 찾고 싶은 것이 있는데, 만일, 혹시라도…… 어느 순간 낙오되어 내가 더 이상 과학도로 남을 수 없게 된다면?

패러데이를 존경하는 이유로 나처럼 수학에 능하지 못하다는 점을 들고 싶지는 않다. 그의 불우한 어린 시절을 보며 '저런 사람도 해냈으니 나도 할 수 있다'는 희망을 품는 것도 아니다. 이 '역사상 가장 뛰어난 실험 물리학자'는 후대에게 성실과 세심한 관찰의 가치를 가르쳐 줌과 동시에 통찰과 직관의 힘도 강력하게 보여 주었다. 다르게 말하자면 '그의 추론은 수식이 아닌 관찰과 신념'에서 나왔고, '과학적 사실을 논하는 데 있어 그에게는 일상 언어만으로도 충분'했다. 사실 패러데이 자신은 스스로의 발견을 수식으로 표현하지 못해 애를 먹었고, 후배 과학자들에게 자주 '부럽다'는 심정을 토로하는 등 열등감이 깊었다. 그러나 이런 사실로부터 위안받을 수는 없는 노릇이다.

패러데이는 왜, 어떤 마음으로 과학자가 되었을까? 어떤 마음으로 살아갔을까? 과학자가 가져야 할 능력으로, 그에게 있고 나에게 없는 것은 무엇일까? 늘 생각하지만 아직 답을 찾진 못했다.

만일 다른 길로 나아간다면

세상에 한 부류의 사람만 있지 않듯이 한 부류의 과학자만 있는 것은 아니다. 각자가 가진 역량이 다르고, 걸어온 시대가 다르며, 쌓아 온 시간이 다른 까닭이다. 과학자의 소양이 하나가 아니니 각자에게 일장일단이 있는 셈이다. 곰곰이 생각해 보면, 내가 수학에 약하고 직관이 부족하다는 사실이 나의 다른 재능까지 부정하는 것은 아니다. 지금까지의 선대들과 다르고 패러데이와도 다른 학자로 살아가는 길도 분명 어딘가 존재할 것이다. 수학도, 직감도, 정교함도 아닌 또 다른 통찰력을 기른다면 나는 어떤 과학자로 성장하게 될까? 그리고 한순간 생각을 뒤집어 본다. 이제 솜털 빠지는 나이가 되었음에도 연약한 희망에 기대어 살아가도 괜찮을까?

패러데이라면 '나는 그저 공부하는 게 즐거우니 하고 있을 뿐'이라며 조용히 미소 지을 것만 같다. 그렇지 않다면 아무리 공부한들 앞날을 결코 온전히 알 도리가 없다며 조용히 연구서를 적어 내려가는 모습이 눈앞에 선명히 그려진다. 내가 패러데이에게서 배워야 하는 점은 인생 굴곡의 드라마나 학구열, 불굴의 의지가 아니라 조용히 스스로의 색을 고집하는 강직함이리라.

돌이켜 보면, 나 역시 단 하나의 요원한 별을 좇아 여기까지 왔으니 강직은 몰라도 고집이라면 한가락 재주가 있다. 재능에 대해, 기회에 대해, 현명과 아집에 대해 고뇌하고 슬퍼한 시간을 결코 부끄럽게 생각하지 않는다. 풍랑 앞에서 흔들리며 그저 살아남기에 급급해 보일지라도 나는 길을 잃지 않았다. 그저 먼 등대가 한치 앞의 암초를 비춰 주지 않았을 뿐이다. 마음속에서 되물어 본다.

'어떤가요, 패러데이 씨. 이런 삶도 나름은 멋지지 않나요?'

앞서 간 이에게도 그림자는 깊고 어두웠을까?

한편 한없이 부러워해도 좋을 만큼 세상이 패러데이에게 마냥 너그럽지는 않았다. 수많은 업적들에도 불구하고 그는 중년을 넘길 때까지도 영국 과학계에서 그리 주목받는 과학자는 아니었다. 연구 내용 자체는 훌륭했지만 너무 직관적이거나, 반대로 수백·수천·수만 번의 반복 실험 끝에도 결론이 선험적이라는 평가도 들었다. 한마디로 굳이 실험하지 않아도 상상으로 충분히 알 수 있는 결과를 왜 굳이 그 노력을 들여야 하느냐는 의미이다. 이런 비판과 비난을 이겨 내고 간신히 이름을 알리기 시작할 무렵에도 패러데이의 이름은 험프리 데이비의 명성아래 가려졌고, 엎친 데 덮친 격으로 스승의 시샘을 사는 바람에 오랜시간을 연구실 조수로만 남아 있어야했다.

패러데이가 독립된 한 사람의 과학자로 인정받기 시작한 것은 데이비가 죽고 연구실을 이어받았을 때부터이다. 그가 연구를 시작한 지 10여 년, 나이 서른다섯에서야 말이다. 성인(聖人)이 아니고서야 제아무리 온후한 패러데이라고 하지만 한 번쯤은 과학 연구를 그만두고 싶지 않았을까?

마이클 페러데이의 묘비.

영국왕립연구소에서 크리스마스 특강을 하고 있는 패러데이.

일흔의 패러데이는 어릴 때부터 믿어 온 개신교 샌더매니언 교파의 설교사로 지내며 주중에는 과학 강연에 힘썼다고 한다. 못 배우고 가난했던, 이 늙은 과학자는 특히나 대중과 아이들을 위한 강의에 열심이었다. 자신의 유년기에 대한 아쉬움 때문이었으리라 생각되는 한편, 자신이 겪은 괴로움을 후대에게 남기지 않으려는 나름의 노력으로도 보인다. 패러데이는 자신의 삶이 불행했다고는 결코 말하지 않았다. 다만 '조금 더 배울 수 있었더라면' 하며 자주 아쉬워했다.

"내 성실과 인내는 무지가 낳은 자식이다."

그의 겸손한 말 뒤에는 어딘가 서글픈 울림이 남는다.

마지막으로 패러데이가 사후 웨스턴민스턴 사원에 묻힐 권리를 사양하며 했던 말을 소개한다.

"나는 뉴턴 옆에 누울 자격이 없습니다. 나에게는 이 작은 공동묘지면 충분합니다. 나의 친구들은 모두 이곳에 묻혔으니까요."

여성 화학자
거트루드 엘리언의 목표

생명화학공학과 12 이주영

엘리언이 세운 인생의 목표

'노벨상 수상자'라는 타이틀은 누구나 가지고 싶어 할 정도로 매력적이다. 이공계열을 공부하는 학생으로서 과학 분야의 노벨상 수상자에 대한 느낌은 남다르다고 할 수 있다. 그 분야의 최고 권위자에게만 주어지는 특별한 상이라고 생각한다. 이공계 진학자라면 누구나 전공 분야에서 노벨상을 받았으면, 하고 생각해 보았을 것이다. 노벨상을 받는 길이 힘들고 어렵다는 것을 모두 잘 알고 있다. 받기 힘들기에 이 상이 더욱 빛나고 가치 있는 것이다. 노벨상 수상자들이 누군가의 롤 모델이 되는 이유도 그 분야에서 그 사람이 얼마나 부단히 노력하고 고통

거트루드 엘리언의 모습.

을 인내하며 연구를 지속했는지를 알기 때문이다.

거트루드 엘리언(Gertrude B. Elion)은 미국의 약리학자로, 1988년에 '노벨 생리의학상'을 받은 여성이다. 그녀는 정상 세포와 암세포의 핵산 대사가 서로 다르다는 사실을 밝혀내 핵산의 합성을 차단시킴으로써 암세포만 죽이는 신약을 개발했다. 뿐만 아니라 백혈병과 말라리아 치료제, 허피스 바이러스 감염증에 효과가 있는 치료약 등 많은 치료제를 개발한 공로로 G. H. 히칭스, J. W. 블랙 교수와 함께 노벨상을 받았다. 하지만 그녀는 노벨상은 한낱 케이크에 입혀진 크림과 같은 것이라고 말했다. 그녀에게 있어 노벨상은 인생의 목표가 아니었다. 그녀의 주변 사람들이 말하길, 엘리언은 노벨상을 받은 후에도 그 이전과 변함없이 똑같았다고 한다.

거트루드 엘리언의 꿈은 일찍이 이루어졌다. 어릴 때 그녀는 자신의 할아버지가 병으로 고통스러워하는 것을 보고 '할아버지의 끔찍한 병을 치료하는 데 자신의 일생을 바치겠다'는 인생의 목표를 정했다. "노벨상이 내 인생에 가장 중요한 것은 아니었다. 내 일에 대한 진짜 보상은 노벨상을 받기 훨씬 오래전에 환자들이 내 의약품으로 어떻게 치료되었는지를 보았을 때 이미 받았다."라고 그녀는 말했다.

그녀의 목표는 노벨상을 받는 것이 아니라, 어릴 때 세웠던 꿈처럼 사람들의 병을 치료하는 것이었다. 사람들의 칭송과 좋은 대우, 높은 지위에도 그녀의 꿈은 변하지 않은 것이다. 아마 그녀가 노벨상에 욕심이 있었다면 전혀 다른 인생을 살았을 거라고 쉽게 예상할 수 있다. 그녀가 명성이나 돈이 아닌, 병을 고치는 데 중점을 두고 연구했기 때문에 세상에 없던 새로운 치료제들을 개발할 수 있었던 것은 아닐까? 거트루드 엘리언은 약을 만드는 방법과 의학에 혁명적인 변화를 가져다주었다. 그녀가 개발한 약을 통해 신장이식이 가능해졌고, 소아 백혈병이 치료 가능해졌다. 또한 그녀는 통풍과 헤르페스에 대한 치료법도 알아냈다. 그녀의 업적이 많은 사람들의 생명을 살렸고 지금도 살리고 있는 것이다. 의사도 아니고 박사 학위도 없는 그녀가 노벨생리의학상을 받는 데는 다음과 같은 배경과 이유가 있었다.

어린 시절, 거트루드 엘리언이 할아버지의 투병 생활을 지켜보며 인생의 목표를 세운 것을 다시 한 번 생각해 보자. 가족 중 아픈 사람의 모습을 지켜보며 힘들어하는 사람은 적지 않다. 하지만 그들 모두가 약을 개발하여 병을 치료해야겠다는 인생의 목표를 세우진 않는다. 거트루드 엘리언을 통해 우리는 인생의 목표를 위해 자신의 주위를 둘러볼 필요가 있음을 알 수 있다. 같은 상황이라도 누군가는 자신의 인생을 비관하며 체념하는 반면, 어떤 사람은 어려움을 이겨낼 힘을 찾고 스스로의 능력을 키우기 위해 남들보다 몇 배의 노력을 기울이기도 한다. 엘리언은 아마 후자의 경우가 아니었을까?

그녀는 신약 개발을 목표로 정한 뒤, 여성 화학자라는 쉽지 않은 조건에서도 그 마음을 잃지 않았다. 우리나라의 10대, 20대 중에서 인생의 목표가 있는 사람이 과연 몇이나 될까? 서점을 가면 인생 목표를 세우는 데 도움을 준다는 책을 쉽게 만날 수 있고, 텔레비전에서는 인생의 목표를 명확히 하라는 취지의 프로그램도 많이 방영되고 있다. 하지만 인생의 목표라는 것이 이런 도움으로 간단히 세워진다면, 지금 방황하는 많은 사람들을 어떻게 설명할 수 있을까?

엘리언을 통해 본 나의 삶

나는 시골에서 유치원부터 고등학교까지 다녔고 그저 친구들과 노는 게 좋은 아이였다. 어릴 때부터 인생의 목표를 세우는 사람이 많지 않겠지만 나는 단기적인 목표조차 세우지 않았었다. 영재 캠프, 과학고, 특목고 같은 것들은 대학교에 와서 처음 들었을 정도로 시골에서 하루하루를 보내는 것에 만족하며 지냈었다. 친구들과 함께 놀고 쉬고 시험도 보고 스트레스를 푸는 삶이 마냥 좋았다. 물론 지난날을 후회하는 것은 아니다. 그 어떤 경험도 미래에 도움이 되지 않는 것은 없다고 생각한다. 하지만 특목고에 들어가기 위해 미리 준비했던 다른 아이들의 노력과 그로 인해 일찍이 넓어진 그들의 시야가 부러운 것은 사실이다. 그 아이들은 다른 또래에 비해 좀 더 빨리 시련을 경험하고 성취감을 맛보았다고 생각한다. 물론 부모의 강요로 공부하는 경우가 적진 않지만, 목표를 위해 노력했던 그들은 인생의 목표를 세우는 데 나보다 한 발 앞서 있다고 생각한다.

하지만 이런 아이들보다 더 부러운 이들은 많은 경험을 해 본 아이들이다. 운동을 하다가 다쳐서 운동이라는 목표를 포기하고 새로운 길인 공부를 시작하거나, 연예인을 준비하다 다른 꿈을 찾아 나선 경우

말이다. 그렇다고 인생의 목표를 세우는 데 특별한 경험이 필요하다는 뜻은 아니다. 남들이 겪지 못한 특별한 경험을 통해 주위를 새롭게 볼 수 있는 시각을 가진 그들의 특별함을 말하는 것이다. 거트루드 엘리언이 암에 걸린 할아버지를 안타깝게만 본 것이 아니라, 자신의 인생을 신약 개발에 쏟아부어야겠다고 생각한 것처럼 말이다.

나는 어릴 때부터 많은 돈을 벌 수 있는 직업을 가졌으면 좋겠다는 생각을 했다. 가족 모두가 넉넉한 생활을 하고, 하고 싶은 일에 돈을 아끼지 않는 것이 내 바람이었다. 그래서 공대에 지원하게 된 계기에는 취업이 잘된다는 이유가 없진 않았다. 당시에는 생물 과목을 좋아했던 터라 생명공학과가 목표였고 생명화학공학과에 지원하는 계기가 되었다. 당시 같은 학교 친구들이 우르르 생명화학공학과와 신소재공학과에 지원한 것도 전공을 정하는 데 한몫했다. 대학에 들어와서도 '여전히 돈 많이 버는 직업!'이 내 목표였다. 대학교에 와 보니 돈에 대한 차이가 더 극명히 드러났기 때문이다. 방학마다 해외여행을 다니고 사고 싶은 것을 거리낌 없이 사는 친구들이 부럽고 질투가 났다. '난 내가 직접 벌어서 펑펑 마음대로 써야지!' 하는 생각을 자주 했다. 물론 아직도 이런 생각을 완전히 버렸다고는 할 수 없지만 조금씩 마음이 바뀌고 있다.

거트루드 엘리언을 비롯해 국내외 성공한 사람들의 목표를 보면 모두 부자가 되는 것은 아니었다. 목표에 제한이 있는 것은 아니지만 돈이 인생의 목적인 사람이 행복하지 않은 경우를 많이 듣고 보게 되었다. 돈이라는 것은 상대적인 것이어서 아무리 벌어도 돈에 대한 욕심은 사라지지 않고 스스로를 파멸로 이끌어 가는 것을 많이 접하게 된다.

엘리언처럼 사람들에게 도움이 되는 생산적인 꿈을 갖는 것에 대한 욕심이 생겼다. 내가 하는 일을 통해 누군가의 생활의 질이 한층 높아진다면 나의 만족감은 이루 말할 수 없이 크지 않을까? 돈 잘 버는 직업이 목표가 아닌, 내가 더 잘할 수 있고 관심 있는 대상에 대한 연구를 통해 많은 것을 이루고 싶다. 그 과정에서 돈은 자연스레 따라올 수도 있고 없을 수도 있지만 돈보다 더 큰 것을 얻을 수 있지 않을까 기대한다. 물론 엘리언과 같이 성공적으로 하고자 하는 바를 이룰 것이라고 장담할 수는 없지만 더 행복한 인생이 되리라는 것은 알 수 있다. 그래서 주변을 둘러보며 인생의 목표를 세우는 데 게으름을 피우지 않기로 마음먹었다. 생활의 불편함에서 번뜩이는 아이디어가 나오듯 주위를 둘러보며 내 삶의 방향을 잡아 줄 수 있는 무언가를 찾고자 한다.

엘리언의 생애를 통해 다시 생각해 보게 된 것이 몇 가지 더 있다. 그녀는 화학 학사 학위를 수석으로 마쳤지만 돈이 없어서 대학원 과정을 포기했다. 당시에는 여학생에게 화학 분야에서 장학금을 주는 경우가 없었고 그녀의 집안 형편도 썩 좋지 않았기 때문이다. 당시 만연했던 남녀차별로 인해 금전적인 혜택을 받지 못하고 공부할 기회를 잃은 것이다. 그래서인지 그녀는 성공한 뒤 화학과 대학원 여학생들을 위한 장학 기금을 마련해 주었다고 한다. 대학원 진학에 실패한 엘리언은 학사를 졸업한 뒤 취업을 했다. 병원에서 접수하는 일을 담당하거나 고등학생 대리 교사 일을 시작하게 된 것이다. 그녀는 여기에서 번 돈을 저축하여 뉴욕 대학교(New York University) 대학원에 등록했다. 화학자로서의 길을 놓지 않은 것이다. 대학원 학비를 위해 낮엔 병원이나 대리 교사 일을 하며 밤과 주말에 논문을 써서 석사 학위를 받았다.

스스로 돈을 벌어 공부한다는 것은 대단한 일이다. 공부에 대한 웬만한 갈망이 아니고서야 불가능하다고 생각한다. 그녀를 본다면 상황이 여의치 않는다는 말이 얼마나 자기 위안적인 것인지 알게 해 준다. 상황 탓을 하는 것은 그저 핑계일 뿐이다. 난 항상 주어진 환경 탓을 하며 위안 삼곤 했다. 그렇게 하면 마음이 편해졌기 때문이다. 성적이 안 나오면 과학고나 영재고 학생들이 공부를 미리 해 온 탓이다, 내게 교육의 기회가 적었기 때문이다, 내가 돈이 많아 학원을 다녔다면 더 잘했을 것이라는 등의 핑계를 댔다. 좁은 교우 관계는 내가 일반고라서 동문이 적어 인맥이 좁은 거라고 핑계를 댔다. 하지만 모두 내가 더 열심히 노력하지 않은 결과일 뿐이었다. 물론 이렇게 생각이 바뀌게 된 것이 엘리언의 일생 때문만은 아니지만, 그녀의 끈기가 이러한 생각의 기폭제가 되었다고는 말할 수 있다.

이후 거트루드 엘리언은 제2차 세계대전의 발발로 화학자로서의 역량을 드러낼 수 있는 기회를 얻게 된다. 남성 인력들이 부족해지자 그녀에게도 기회가 온 것이다. 엘리언은 제약 회사의 히칭스 박사의 조수로 일하면서 연구를 시작했다. 그런데 제약 회사 업무와 박사 학위 취득 중 하나를 선택해야 하는 기로에 서게 된다. 연구실에서의 흥미로움을 버릴 수 없었던 그녀는 결국 박사 학위를 포기한다. 이 선택은 엘리언이 공부에 대한 갈망을 실험실에서 풀게 했고 그녀가 미생물학, 약리학, 면역학, 바이러스학까지 연구 분야를 넓히게 되는 촉진제였다고 할 수 있다. 그녀가 실험실에서 유일한 유기 화학자였기 때문에 넓은 연구 분야를 아우를 수 있었다.

엘리언은 히칭스 박사와의 공동 연구를 통해 미국에서 허가받은 유일한 에이즈 치료약을 비롯해 45개의 신약 특허를 냈다. 이 중에는 6-MP도 있었는데 이것은 장기 이식을 가능하게 해 주었다. 엘리언은 약품의 화학적 합성은 물론 생화학 및 생리학적 측면을 고려한 약 치료의 중요한 원리를 개발했다. 그녀가 개발한 치료제로 수많은 사람이 목숨을 구했고 그녀의 연구법은 더 많은 치료제를 만드는 데 기여했다. 엘리언은 남성 인력의 부족으로 인해 화학자로서의 연구 기회를 얻게 되었고 히칭스 박사와의 만남을 통해 그녀가 가진 역량을 한껏 발휘할 수 있었다. 어떻게 보면 이전의 여성 화학자들에게는 주어지지 않은 기회를 얻어 이러한 업적을 이뤘다고 볼 수도 있을 것이다. 하지만 준비된 자만이 기회를 잡는다는 말처럼 그녀는 이러한 기회를 잡아 성공을 이뤄 낼 준비가 되어 있었던 것이다.

내가 카이스트에 들어온 것 역시 기회를 잡은 것이라고 생각한다. 고등학교 때 성적만 보면 도저히 카이스트에 들어올 수 있는 학생이 아니었다. 특별한 활동도 없고 내세울 것도 없어 카이스트에 합격하리라 곤 생각하지 못했다. 하지만 카이스트에 입학했고 지금은 이곳에서 공부하고 있다. 다른 학교에 갔더라면 느끼지 못했을 것들을 이곳에서 느끼고 있다. 다양한 가치관을 가진 친구들을 사귀며 안목을 넓히게 되었고 나도 무엇인가 이룰 수 있지 않을까, 라는 생각을 하게 되었다. 엘리언이 기회를 잡아 화학자로서의 인생을 꽃피웠듯이 나도 이 학교에서 내가 진정 원하고, 하고 싶은 일을 찾아 알찬 인생을 살길 희망한다.

어떤 목표를 이루고자 할 때는 그것을 통해 얻으려고 하는 본질이 무엇인지를 늘 마음에 새겨야 한다. 그 목표가 돈이나 명성이라면 누군가의 희생이 필요할 수도 있고 끊임없이 욕망에 시달릴지도 모른다. 돈을 많이 버는 것이 달콤하게 느껴지고 있는 한 나의 발전에는 상한선이 존재할 것이다. 돈에 매달려 원하는 것이 무엇인지도 모르는 채 일상에 안주하며 인생을 허비할지도 모른다. 하지만 거트루드 엘리언이 여성이라는 이유로 공부할 기회를 잃었지만 끊임없이 노력했고 사람들의 병을 치료하는 데 인생의 목표를 두고 잠시도 그것을 잊지 않았던 것을 기억한다면, 나 역시 조금은 더 나은 삶을 살게 되지 않을까 생각한다.

미워할 수 없는 레온하르트 오일러

- 진정한 과학자의 자세

기계공학전공 10 배규리

레온하르트 오일러는 누구인가?

그전에 스쳐 갔을지도 모르지만 내 기억으로 그를 처음 만난 것은 대학교에 와서이다. 처음에는 내 미적분학 수업 시간에 나타나더니 나중에는 응용미적방정식 수업 시간까지 나를 따라왔고, 그 후로도 기계과 수업인 고체역학, 유체역학 그리고 진동역학까지 나를 졸졸 따라다녔다. 처음엔 이 사람 이름만 들어도 진저리가 났다. 대체 이 사람이 뭐가 대단하다고 이렇게나 많은 곳에 나타나는지……. 그래서 나는 그토록 나를 괴롭히는 그에 대해 알아보기로 했다. 그런데 그에 대해 알아보자 생각이 완전히 바뀌었다. 레온하르트 오일러(Leonhard Euler)는 자기의 주 분야인 수학은 물론, 물리와 지도 제작 등 많은 분야에서 큰 업적들을 남겼다. 또한 혼자만 영광을 즐기지 않고 자신이 남긴 업적을 대중에게 전파해 그 분야가 더욱 발전할 수 있도록 노력한 진정한 과학자이자 공학자이다.

오일러는 1707년, 스위스 바젤에서 목사의 아들로 태어났다. 처음에 그의 아버지는 오일러가 목사가 되길 바랐다. 하지만 오일러는 일찍이 수학에 남다른 재능을 보였고, 아버지는 아들의 재능을 키워 주고자 당시 유럽에서 가장 유명했던 야코프 베르누이(Jakob Bernoulli)의 강의 내용을 바탕으로 오일러를 가르쳤다. 오일러가 바젤 대학교(University of Basel)에 진학할 나이가 됐을 즈음 야코프 베르누이가 세상을 떠나자 그의 아우인 요한 베르누이(Johann Bernoulli)가 대신 오일러를 가르쳤다. 요한 베르누이는 오일러의 재능을 높이 샀고 오일러가 더 발전할 수 있도록 지원군 노릇을 톡톡히 했다.

오일러와 베르누이는 사이가 굉장히 돈독했는데 오일러는 베르누이의 아들들과도 굉장히 친하게 지냈다. 기록된 바에 의하면 요한 베르누이는 공격적인 성격이었다고 한다. 하지만 오일러에게만큼은 언제나 다정다감했고 무척 편애했다고 전해진다. 이러한 일화에서 단순히 베르누이의 성격만 볼 것이 아니라 오일러의 붙임성 있는 성격 그리고 실력으로 인해 얻은 인덕으로 봐도 될 것이다.

누구든지 주변에 어떤 사람이 있는지 중요하다. 그 사람이 멘토, 친구, 라이벌, 또는 적이 되어 나에게 어떠한 영향이든 주기 때문이다. 혼자의 힘만으로 업적을 쌓기는 힘들다. 도움을 받는 것은 부끄러운 것이 아니며 오히려 주변 사람들에게 좋은 영향을 받는 것이 과학자로서 꼭 필요하다.

레온하르트 오일러의 초상.

오일러는 모든 사람들이 인정한 뛰어난 암기력과 암산 능력이 있었다고 한다. 이 능력에 대한 유명한 일화가 하나 있다. 어느 날, 오일러의 학생 두 명이 계산한 값이 다섯 번째 소수점에서 서로 달라 실랑이를 벌이고 있었다. 당시엔 계산기가 없었기 때문에 확인할 수 있는 방법이 마땅히 없었으나 마침 오일러가 나타나 순식간에 암산으로 정답을 제공해 실랑이를 해결했다. 프랑스 물리학자 도미니크 아라고가 "오일러는 사람이 숨을 쉬듯, 독수리가 날 듯 계산을 한다."라고 말했을 정도였으니 그의 암산 능력이 얼마나 대단했는지 보여 주는 일화라 할 수 있다.

오일러는 1735년부터 오른쪽 눈의 시력을 잃어 가기 시작했고 후에 병에 걸려 왼쪽 눈마저 시력을 잃었다. 이런 안타까운 상황에 놓여 있었지만 그는 종이와 펜을 놓지 않고 꿋꿋이 기억나는 대로 적어 가며 눈이 먼 후에도 계속 문제를 풀고 논문을 출간했다. 앞이 안 보이는 순간까지도 희망의 끈을 놓지 않은 정신력이 대단하다고 생각한다.

오일러의 업적

오일러의 가장 중요한 업적은 크게 네 가지로 정리할 수 있다. 바로

'오일러 공식', '오일러의 방정식', '오일러의 피($ø$, phi)함수', '오일러-베르누이 보[beam]'이다. 첫 번째로 오일러의 공식은 아래와 같다.

$$e^{iø} = cosø + isinø$$

아마 공학을 전공을 했다면 한 번쯤은 보았을 식이다. $Ø$에다 $π$를 대입해 보면 식이 다음처럼 된다.

$$e^{iπ} + 1 = 0$$

이 식은 수학에서 다섯 가지의 핵심 요소들 $π$, i, e, 0, 1을 모두 포함한 식이라 큰 의미가 있다. 0과 1은 각각 덧셈과 곱셈에 관한 항등원과 연관이 되고 $π$와 e는 둘 다 초월수, 즉 대수적 수가 아닌 수이다. 마지막으로 i는 복소수를 나타내기 때문에 의미가 크다. 뿐더러 가장 기본적인 더하기, 곱하기 그리고 제곱의 개념을 다루기 때문에 사람들은 이 공식을 '수학에서 가장 아름다운 공식'이라고 표현한다.

두 번째로 중요한 개념은 유체역학에서 배우는 오일러의 방정식이다. 무점성 유체를 다루는 식으로 질량 보존, 가속도 보존 그리고 에너지 보존을 순서대로 아래처럼 나타낸다.

$$P_t + \nabla \cdot (pu) = 0$$
$$p(u_t + (u \cdot \nabla u)] = -\nabla p - pg$$
$$p = p(p, S, T)$$

이 세 가지 식은 유체의 다양한 조건에 맞게 변형해서 사용할 수 있다. 변형된 오일러의 공식들은 크게 보존과 비보존, 이 두 가지 그룹으로 나눌 수 있다. 보존 식들은 주어진 유체에 담긴 제어체적 안에서의 물질적인 해석에 중점을 두고 비보존 식들은 유체에 담긴 제어체적의 상태 변화를 관찰한다.

오일러의 피 함수는 정수인 숫자 n의 서로소인 수의 개수를 알려 주는 유용한 방법을 가리킨다. 이것을 피 함수라 부르는데 보통 $Ø(n)$으로 표기한다. 예컨대 n을 4로 가정하자. 그러면 1, 3이 4와 서로소이니까 $Ø(n) = 2$ 이다. 이 피 함수가 중요한 이유는 아무리 큰 숫자라도 서로소의 수를 쉽게 구할 수 있기 때문이다. n이 a와 b의 곱셈 값이라 가정하자. 그러면 $Ø(n) = Ø(a×b) = Ø(a)×Ø(b)$로 n의 서로소의 개수를 복잡하게 계산할 필요 없이 찾을 수 있다. 오일러는 이렇게 간편한 요령을 대중에게 제공해 주면서 수학의 복잡한 것들을 정리해 줬다.

마지막으로 중요하다고 생각되는 오일러의 업적인 오일러-베르누이 보는 고체역학의 기본이다. 기계공학을 전공하면서 오일러의 이름을 제일 많이 들었을 때가 고체역학에서 오일러-베르누이 보에 대해 배울 때였다. 이 보는 탄성 이론을 단순화시켜서 보에 가해진 로드(물체에 걸리는 힘)에 대해 작용하는 힘과 변형의 계산을 가능하게 만들어 준다. 단, 작은 변형과 측면으로 가해진 로드 한에 계산이 가능하기 때문에 가는 보, 즉 두께가 총 길이에 비해 훨씬 작았을 때에만 사용할 수 있다. 많은 가정하에 값을 구하기 때문에 정확도가 높지는 않지만, 구한 이론적인 값은 보가 어떤 변형을 보일지 추측하거나 참고할 수 있다. 이런 기반이 있었기에 나중에 보가 두꺼울 때를 고려한 '티모셴코 보'도 나올

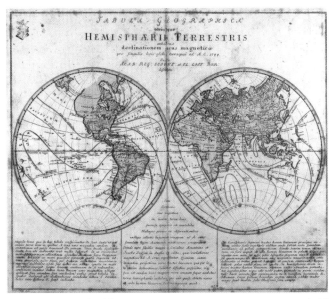

레온하르트 오일러의 지도책, 『Geographischer Atlas bestehend in 44 Land-Charten』(1760).

수 있었던 것이다.

　아직도 오일러만큼 다작한 과학자는 없을 것이라고 사람들은 말한다. 오일러는 기하학, 미적분학, 대수학, 해석학, 복소 해석학 등 정말 다양한 분야를 개척했다. 오일러 이름이 들어간 함수, 이론, 방정식은 몇십 개이고 여러 분야에 널리 퍼져 있다. 그는 수학의 여러 분야들을 넓히고 더 깊게 파고 들어가 800개 이상의 논문을 세상에 선보였다. 뿐만 아니라 오일러는 수학과 물리를 넘어 지도 제작 분야에도 기여했다. 그는 러시아 상트페테르부르크 아카데미에서 지도 제작 사업의 디렉터를 맡아 여러 분야의 전문가들과 공동 작업을 하며 러시아 제국의 지도를 만드는 걸 도왔다고 한다. 그가 많은 논문을 발표했다는 것은 한 번의 성과에 만족하지 않았다는 것이다. 사실 과학자들은 단 하나의 연구를 위해 끊임없는 노력과 많은 시간을 투자한다. 이 연구가 혁신적인 결과와 변화를 불러오지 않을까 하는 바람으로 노력하는 과학자는 잘못된 자세로 일하고 있는 것이다. 진정한 과학자는 거기서 멈출 것이 아니라, 자신의 연구와 전혀 관련이 없더라도 호기심을 잃지 않고 늘 궁금해해야 한다. 호기심은 과학자들이 연구를 계속 이어가게끔 하는 원동력이다. 이것을 잃는 것은 곧 과학자의 길을 벗어날 수도 있는 것이다.

오일러의 업적들은 무엇보다도 쉽게 알아볼 수 있다는 특징이 있다. 오일러는 자신의 식이 어렵지 않게 느껴지도록 단계별로 설명을 써 놓았다. 이러한 행동은 다른 과학자들한테서는 흔히 볼 수 없는 것이다. 예를 들어, 뉴턴은 누가 자신의 일을 빼앗아 갈까 봐 논문을 암호화하거나 풀이 과정을 지웠다고 한다. 하지만 오일러는 자기가 이룬 업적에 대한 자신은 있었지만 꼭 자기만 알아야 한다고 생각하지 않았다. 이런 태도는 정말 본받을 만한 것 같다. 사실 카이스트와 같이 경쟁이 치열한 곳에서는 상대에게 너그럽지 못하다. 다른 사람들보다 빨리 문제를 풀어야 성공할 거라 생각하고 남들이 알면 나의 손해로 돌아올 거란 생각이 학생들의 머릿속을 무섭게 지배한다. 하지만 여기에서 벗어나야 진정한 과학자로 발전할 수 있다. 서로가 가지고 있는 지식을 나눠야 더 큰 길로 나아갈 수 있는데 융합을 추구하는 우리 세대에게는 꼭 필요한 덕목이다.

이렇게 접근하기 쉬운 업적들로 인해 오일러는 수학을 대중화시킬 수 있었다. 뿐만 아니라 오일러는 지금 우리가 사용하고 있는 수학의 표기법을 만들어 낸 사람이다. 예컨대 함수의 기호 $f(x)$, 로그함수

e, 허수 i, 원주율 π등을 정의했는데 이런 표기법은 대중적으로 사용되기 시작했다. 즉 오일러는 수학 초보자들도 쉽게 수학을 접하고 이해할 수 있게 도와준 것이다. 바로 이러한 점이 현재 과학자들에게 제일 부족한 점이 아닐까 싶다.

과학자들의 발명이나 연구는 관련 분야 사람이 아니면 알아듣기가 굉장히 어렵다. 중요한 연구 성과를 내는 것이 최우선 목표라 할지언정 그다음

1744년에 출판된 오일러의 논문 『최대화 또는 최소화 곡선을 찾는 법(Methodus inveniendi)』의 표지.

순서는 대중을 이해시키는 것이다. 하지만 지금의 사회에서는 그러지 못하고 있고 서로의 이해관계가 형성되지 못하여 과학과 대중이 분리되어 있는 것이 현실이다. 이러한 갈라짐으로부터 오해와 갈등이 생기기 마련이다. 과학자들은 대중을 이해시켜야 하는 의무가 있고 대중은 이해하려고 노력해야 한다. 그렇지 않으면 연구 성과를 냈더라도 개인 명예 외에는 아무런 의미가 없기 때문이다.

오일러의 됨됨이

오일러의 옛 문헌이나 편지들을 살펴보면 굉장히 겸손했던 인물임을 알 수 있다. 그는 많은 업적을 남겨서 결국엔 부자가 됐지만 사치와는 거리가 멀었다. 오일러는 자기가 하는 일을 자랑스럽게 여기고 감사

해했다. 흔히 성공한 과학자들은 높은 자존심과 자신감에 시기하는 경우가 많은데 오일러는 오히려 사람들이 자신의 업적을 발전시키기 위해 노력하는 것을 즐겼다. 예컨대 수학자 조제프루이 라그랑주(Joseph-Louis Lagrange)가 타원 적분을 향상시켰을 때 오일러는 라그랑주에게 편지를 써서 존경을 표했다고 한다. 그만큼 오일러는 자신이 파고들었던 분야에서의 발전을 후배들이 잘 이끌어 가길 간절하고 순수하게 원했다.

이러한 태도 때문인지 오일러는 세계적으로 인정받는 인물이다. 오일러가 러시아에 머무는 동안 프러시아의 프리드리히 대왕(Friedrich II)은 오일러에게 손수 편지를 써서 베를린에 와서 가르쳐 달라는 제안을 했다. 베를린에 가기로 결심한 오일러가 친구에게 쓴 편지에서 "왕이 나를 자신의 교수라 불렀다. 나는 이 세상에서 제일 행복한 사람일 거야."라고 썼다. 이 내용은 당시 그의 사회적 지위와 영광을 겸손하게 받아들이는 모습을 잘 보여 주고 있다. 또한 프랑스 수학자이자 공학자인 라플라스(Pierre Simon Laplace)는 자기가 가르치는 학생들에게 "오일러를 읽어라, 오일러를 읽어라, 그가 모든 것에 전문가이다."라고 했다고 한다.

4년 동안 나를 괴롭혀 왔던 오일러에 대해 알아보니, 오히려 오일러가 없었다면 더 힘들고 머리가 복잡해지는 계산을 했을지도 모른다는 생각이 들었다. 오일러의 수많은 공식과 이론 들은 모든 공학자들이 지금 자신의 분야에서 공학을 공부할 수 있게 만들어 준 기초이자 기반이다. 오일러는 많은 업적을 남겼지만 겸손한 자세를 잃지 않았고, 게으름을 피우지 않았으며, 끝없는 호기심으로 그 누구보다 자신의 길을 개척해 나갔다. 그리고 무엇보다 수학과 과학을 사랑했기에 혼자만의 지식으로 남기지 않고 더 많은 사람들과 함께 풀어 나가길 원했다. 사실 오일러의 공식들이 쉽게 만들어진 공식은 아닐 것이다. 하지만 오일러는 다른 사람들이 쉽게 이해할 수 있도록 노력했다. 그렇기 때문에 지금까지도 과학자들이 사용할 수 있는 것이고 거기에서 더욱 발전해 갈 수 있는 게 아닐까? 그동안 본의 아니게 오일러를 미워한 것 같아서 머쓱하다. 오히려 닮고 싶다는 생각이 드니, 오일러는 미워하려고 해도 미워할 수가 없는 과학자이다.

'노르웨이에서 보낸 끔찍한 모욕' 라이너스 폴링

생명화학공학과 11 류건형

　전 세계 어떤 국적을 막론하고 모든 과학자들에게 최고의 영예는 노벨상을 받는 것이다. 1901년 이래로 매년 인류에 공헌한 사람들에게 여섯 개 부문에 걸쳐 노벨상이 수여돼 왔다. 이 중 노벨상을 두 번 받은 경우는 네 명뿐인데 두 명은 두 번에 걸쳐 같은 부문에서 노벨상을 받았다(존 바딘-물리학, 프레더릭 생어-화학). 나머지 두 명 중 한 명은 퀴리 부인으로 그녀는 물리학상과 화학상을 한 번씩 받았다. 마지막 한 명의 과학자는 1954년 '노벨화학상'을 받고 9년 후인 1962년 노벨상을 또 받았는데 그가 받은 두 번째 상은 과학 분야가 아닌 '노벨평화상'이었다. 그 과학자는 바로 20세기 과학자 중 가장 영향력 있는 사람 중 한 명으로 손꼽히는 미국의 물리화학자 라이너스 칼 폴링(Linus Carl Pauling)이다.

　폴링은 생전에 양자 화학, 결정 화학, 분자 생물학, 의학 등 여러 분야에서 연구를 했고 다방면에 걸쳐 쌓은 수많은 업적을 인정받은 과학자이다. 그런 대단한 과학자가 과학과 전혀 상관없어 보이는 평화상을 받음으로써 진귀한 기록의 주인공이 된 것이다. 그러나 그의 과학적 공로와 정반대로 그가 노벨평화상 수상자로 선정되고 나서 그를 둘러싼 여론은 아주 냉소적이었다. 내가 쓴 '노르웨이에서 보낸 끔찍한 모욕'이라는 제목 또한 그 당시 미국의 어느 언론에서 그를 비꼬면서 내놓은 혹평 중 하나였다. 당시 정부와 언론의 눈 밖에 난 그는 비록 노벨상을 두 번이나 받은 유능한 과학자였지만 인정받기는커녕 조국과 주변으로부터 외면당하고 학자로서의 입지도 좁아졌으며 결국 직장까지 그만둬야 했다.

　여기에서는 노벨화학상을 받은 과학자 폴링이 아닌 노벨평화상을 받은 폴링의 발자취에 초점을 맞추어 과학자로서의 올바른 태도와 신념, 과학자가 우선으로 생각해야 할 것이 무엇인가에 대해 느낀 점을 써 볼까 한다.

투사가 된 과학자, 라이너스 폴링

　라이너스 폴링은 가난한 이주민 집안에서 태어났다. 그는 어릴 때 아버지를 여의고 어머니를 도와 어렵게 생계를 이어가면서도 학업을 놓지 않아 15세에 이미 대학에 들어갈 요건을 갖춰 놓은 수재였다. 과목 수강에 대한 학칙으로 인해 그는 고등학교 졸업 학위를 포기하고 오

라이너스 폴링의 졸업 사진.

리건 농업대학을 먼저 입학한 뒤 대학원으로 캘리포니아 공과대학(California Institute of Technology, 약칭인 칼텍(Caltech)으로 더 잘 알려져 있다)에 진학한다. 그는 25세에 박사 학위를 받고, 26세에 교수가 되는 등 어린 나이에 굉장한 두각을 나타내다가 양자 화학, 분자 생물학 등의 다양한 분야에서 성과를 보이며 승승장구한다. 그리고 그 중 화학 결합의 원리 규명에 대한 공로로 1954년에 노벨화학상을 수상한다. 그런데 딱히 정치적 색깔을 나타내지 않았던 그가 사회운동가로 변모한 것은 평화주의자이자 사회운동가인 아내 아바의 영향이 컸다.

당시는 전 세계가 제2차 세계대전이라는 거대한 군사적·정치적 혼란에 빠져 있던 시기였다. 이때 폴링은 아내의 영향으로 '유니온 나우(Union Now)'라는 단체에서 활동하기 시작했다. 독일에 있던 유태계 과학자들이 폴링에게 도움을 청하자 그들이 미국으로 안전히 도피할 수 있도록 도왔다. 당시 폴링은 미국이 독일과 전쟁 중인 영국, 프랑스를 도와 히틀러의 나치 정권을 몰아내야 한다고 주장했다. 또한 폴링 부부는 미국 내 일본인들을 보호하는 활동을 하기도 했다. 당시 일본이 진주만을 공습하자 미 정부가 캘리포니아 등지에 일본인 수용소를 세웠고 미국에 있던 일본인들을 선별하여 10만 명이 넘는 일본인들이 집단 수용소에 수감됐던 것이다. 폴링 부부는 '미국 자유 인권 협회(ACLU)'에 가입하여 정부의 조치에 대해 강력히 비판했고 집단 수용소에서 석방된 일본인들에게 일자리를 찾아 주는 활동을 했다. 부부는 이때도 일본을 옹호하는 간첩이라는 비난을 받았지만 개의치 않고 미국 내 일본인들의 권리 회복을 위한 활동을 계속했다.

폴링은 당시 과학계에서 높은 위치에 있는 과학자였으므로 전쟁 중이던 모국의 군수 산업에도 관여했지만 핵 개발에는 반대한 것으로 유명하다. 그때 미국은 자국의 과학자들을 한데 모아 '맨해튼 프로젝트'라고 불리는 원자 폭탄 개발 작업에 비밀리에 착수했는데 폴링의 대학원 시절 동료였던 오펜하이머가 연구소장으로 있었다. 오펜하이머는 폴링에게 맨해튼 프로젝트에서 화학 부문의 책임자 자리를 제안했다. 하지만 폴링은 자신이 평화주의자임을 내세우며 그의 제안을 거절한다. (아이러니하게도 맨해튼 프로젝트의 총 책임자였던 오펜하이머 또한 폴링처럼 제2차 세계대전 이후 '반전반핵운동'을 펼치다 반체제 인사라는 오명을 쓰고 공직에서 쫓겨나게 된다.)

제2차 세계대전은 히로시마와 나가사키에 원자 폭탄이 투하되며 종식을 맞이하나 그 후 핵무기에 대한 문제의식이 제기된다. 폴링과 핵 개발에 참여했던 아인슈타인 등의 과학자들도 핵전쟁을 우려했는데 그들은 제2차 세계대전이 끝난 뒤 핵폭탄이 다른 나라에도 확산되는 것을 크게 걱정했다. 그들은 머지않아 이런 대량 살상 무기가 많은 나라에 퍼지고 끝내 핵으로 인한 대재앙이 올 거라 생각한 것이다. 그래서 이들은 핵무기 감축을 위한 '핵과학자 비상위원회'를 구성했고 아인슈타인이 의장 자리에 오르며 반핵 운동을 펼친다. 폴링은 수많은 강연 및 연설에서 과학이 급속도로 발전하면서 전쟁이 국가들 사이의 논쟁 해결 수단이었던 시대는 지났고 평화를 유지하기 위해 근본적인 방법이 마련되어야 한다는 것을 강조했다. 이때도 폴링은 정치적으로 공격받았는데 얼마 안 있어 거대한 풍랑을 맞는다. 바로 미국에 몰아닥친 반공주의의 광풍이었다.

당시 미국은 정계뿐 아니라 학계에도 반공주의가 퍼져 있었고 전국적으로 대학 교수들이 공산주의자 혹은 공산주의에 협조했다는 명목으로 일자리에서 쫓겨나고 있던 실정이었다. 이런 사태는 주변의 고발이나 의회의 추문에 의한 것이었는데 폴링이 재직하던 칼텍도 예외가 아니었고 공산주의자로 낙인찍힌 폴링의 동료들은 학계나 조국을 떠나야 했다. 폴링은 이에 반발하여 미국학회 총회에서 '반미 활동 조사 위원회(House Un-American Activities Committee)'의 '조사'에 대해 앞장서서 강력히 비판했다. 정치가들에 의해 위협받고 있는 과학자들의 역경을 토로하고 그들의 입장을 변호했던 것이다.

그 후로도 폴링은 정치 문제에 적극적으로 입장 표명을 하며 정부의 눈엣가시가 된다. 그는 정부의 반공 정책에 반대하는 연설을 하면서 공산주의자라는 오명을 쓴다. 폴링은 언론의 자유에 대해 확고한 신념을 가지고 있었고 교사들에게 이른바 충성 맹세를 강요하는 교육 당국에 대해서도 비난을 가했다. 과학자로서의 저명함과 사회적 인지도, 뛰어난 언변으로 인해 그를 연사로 초청하는 요청이 끊이지 않았다. 하지만 그의 이런 행보와 대중적 지지로 인해 그는 우익 언론들로부터 폭풍 같은 비난을 받게 된다. 폴링은 반체제 성향 교사들을 옹호했다는 이유로 교육위원회에 회부되었는데 그가 공산주의자가 아닌 민주주의를 지지한다고 피력했음에도 비난은 끊이지 않았고 여권 발급도 거부당한다.

이 일로 인해 폴링은 영국으로 가지 못하고 연구에 차질이 생긴다. 결국 그의 과학적 명성에 커다란 오점을 남기게 되었다. (공산주의자로 비난받던 그는 정작 소련 과학계에서도 사상적인 이유로 비판을 받는다.)

두 번의 노벨상 수상과 반핵 운동

그가 정치적인 압력으로 힘들어하고 있을 때인 1954년, 매카시즘(McCarthyism)의 주역이었던 매카시 의원이 정계에서 축출되고 동시에 폴링은 노벨화학상 수상자로 결정된다. 매카시가 정계에서 쫓겨났지만 여전히 폴링에 대한 언론의 반응은 미적지근했고 그는 오히려 노벨상을 수여하는 스웨덴에서 더 큰 환영을 받는다. 노벨상을 수상하고 나서도 그를 향한 공격이 끊이지 않아 직장에서도 압력을 받았지만 그는 오히려 본격적으로 반핵 운동에 뛰어든다.

그는 특히 핵실험으로 인한 낙진의 위험성을 역설하며 저명한 동료 과학자들과 협심해 핵실험에 반대하는 서명 운동을 펼쳐 청원서를 작성하고 국제연합(UN)에 보냈는데 전 세계적으로 1만 1,000명의 과학자가 이에 동참했다. 그가 이런 평화 운동의 구심점으로 작용할 수 있었던 것은 그가 노벨상 수상자라는 이유가 한몫했다. 그러나 이런 전 세계적인 지지 여론에도 미국 언론은 그를 선동가라며 혹평했고 폴링은 보안 위원회에 소환당하는 수모를 겪는다.

언론에서 그를 집중포화하자 그는 반론을 제기하며 언론사들에게 지면 할애를 요구하지만 전부 거절당하고 『노 모어 워!(No More War!)』라는 책을 직접 출간하기에 이른다. 저서에는 그가 지금까지 강

폴링이 백악관 앞에서 피켓 시위를 펼치고 있다. 피켓에는 "케네디 씨, 우리에게는 핵실험을 할 권한이 없습니다!"라는 문구가 적혀 있다.

연했던 내용과 강대국들이 핵전쟁 준비를 그만두고 평화적인 방법으로 분쟁을 해결해야 한다는 주장이 주를 이뤘다. 그중 폴링이 특히 강조한 것은 핵폭발로 인한 낙진의 위험성이었다. 그는 또한 도덕성과 인본주의를 강조하며 무기 경쟁은 핵무기의 확산과 핵전쟁의 가능성으로 이어질 것이며 국가들은 자신들의 행위를 규제하도록 국제법을 제정하고 국제연합 내에 세계 평화 기구를 설치해야 한다고 주장했다. 그러나 그를 향한 지속적인 정치적 압력으로 그는 결국 22년간 재직하던 학부장직을 내려놓아야 했고 봉급 또한 규정과 달리 동결 혹은 삭감 당했다. 그리고 실험실마저 빼앗길 위험에 처한다.

학부장에서 물러난 폴링은 유럽, 아프리카, 오스트레일리아, 일본 등 전 세계를 다니며 핵실험을 중지할 것을 촉구했고 세계 평화에 대해 연설했다. 그에 대한 비난은 여전했지만 이러한 그의 노력에 여론은 점점 그를 옹호하는 쪽으로 바뀌어 갔고 1960년대가 되자 미국·소련·영국 등 일부 국가가 핵실험을 중지할 필요성을 인정하고 협정을 맺기 위한 시도를 하기 시작했다. 시민들을 대상으로 한 여론조사 역시 그에게 옹호적인 방향으로 가고 있었지만 여전히 정치적 공작과 여론의 비난 몰이가 이어지며 그는 미국의 우익 세력에 의해 공산주의자로 낙인찍히고 청문회에 소환되는 곤욕을 치르게 된다. 하지만 그 와중에도 폴링은 백악관 앞에서 피켓 시위를 하는 등 자신의 소신을 결코 꺾지 않았다.

그러던 1963년, 미국·소련·영국 등 강대국들이 부분적 핵실험 금지 조약에 서명했다는 소식이 들려왔다. 그 직후 노르웨이 노벨위원회(Norwegia Nobel Committee)가 라이너스 폴링을 1962년 노벨평화상 수상자로 선정한다. 1962년 수상자로 적절한 후보를 찾지 못해 수상자 선정을 보류한 위원회가 조약이 서명되기만을 기다리고 있었고 때마침 조약이 체결된 것이다. 폴링 부부는 전혀 예상치 못한 수상 소식에 기쁜 마음으로 오슬로로 날아갔으나 오슬로에서의 환영 행사는 9년 전 스웨덴에서만도 못했다.

그러나 무엇보다 부부를 실망시킨 것은 두 번째 노벨상 수상에 대한 언론의 반응이었다. 「라이프(Life)」의 '노르웨이에서 온 끔찍한 모욕'이라는 반응을 포함해 「뉴욕 타임스(The New York Times)」를 제외한 많은 언론이 그를 논란이 많은 인물이나 반전주의자라고만 묘사했지, 그가 두 개의 노벨상을 단독 수상한 최초의 인물이라는 언급은 없었으며 그의 활약과 업적도 인정하지 않았다. 그의 지지자들은 그를 열렬히 환영했으나 그가 재직하던 칼텍이나 그의 동료들은 별 반응을 보이지 않았으며 그를 둘러싼 정치적인 의혹 제기와 소송은 여전히 끊이지 않았다.

이런저런 장애물에 계속 부딪히던 그는 결국 노벨상을 받은 1963년 칼텍을 떠나 그의 친구가 있던 산타바바라에 있는 한 연구소로 간다. 여기서 그는 아내와 함께 (아직까지도 논쟁이 되고 있는) '비타민 C'의 의학적 효과에 대해 연구하며 여생을 평화 운동과 비타민 C 연구에 몰두한다. 그는 칼텍에서 물러난 뒤에도 국제인도주의자 연맹에 가입하여 평화 운동을 했고 베트남전이 발발하자 지속적으로 전쟁 중단을 요구하는 반전 시위를 진행했는데 1970년에는 자신을 비판했던 소련으로부터 '레닌 평화상'을 받았다. 그는 여생을 비타민 C의 의학적 효과와 암과의 연관성을 연구하는 데 보냈다. 과학자라는 그의 본분을 죽을 때까지 지킨 셈이다. 그의 아내이자 평생의 동반자였던 아바 헬렌이 1981년 암으로 사망하고 13년 뒤 행동하는 과학자 라이너스 폴링도 93세의 나이로 세상을 떠난다.

진정한 과학자의 모습

지금까지도 과학적 업적과 그가 범한 숱한 오류들 그리고 명확히 규명되지 않은 주장들은 과학계를 뜨겁게 달구는 소재이다. 특히 그는 말년의 연구에서 비타민 C의 항암 효과를 강하게 주장했지만 그들 부부조차 암으로 사망해 그의 주장은 설득력을 크게 잃었다. 자신에 대한 반박에 전혀 귀 기울이지 않고 한 치도 양보하지 않는 외골수적인 면 때문에 그가 처음 노벨상을 받았을 때에 비해 말년엔 과학자로서의 위신이 많이 떨어진 것이 사실이다.

그러나 말년에 이런 모습을 보였더라도, 그가 과학계에서 아주 저명하고 위신 있는 학자였으며 평화를 위해 자신의 뜻을 굽히지 않은 투사였다는 사실은 변하지 않는다. 그는 분명 거대한 음모에 맞서 싸우며 양심을 지킨 당대 미국 지식인의 대표적인 인물이었다. 폴링 부부는 벼랑 끝에 몰리고 직장과 친구를 잃어 가면서 세계 평화와 분쟁의 종식이라는 대의를 위해 자신들을 음해하는 세력과 끝까지 싸웠다. 그래서 결국 생전에 노벨상 수상과 냉전 체제 종식이라는 일종의 보답을 받은 셈이다.

폴링의 삶을 보면서 느낀 것은 과학자가 자신의 분야에서 열심히 연구해 무언가 업적을 남기는 것도 중요하지만 그것보다 더 중요한 것을 절대로 잊으면 안 된다는 것이다. 냉전 체제의 시대에서 과학의 역할은 핵무기를 개발하고 자국으로 하여금 상대 진영보다 기술적·정보적으로 더 유리한 위치를 선점하도록 하는 것이었는지도 모른다. 하지만 그는 온갖 위협과 수모와 오명에도 단 한 발도 물러서지 않고 나서서 끝까지 불의에 저항했다. 또한 과학계의 선봉주자로서 과학자의 사회적 역할이 무엇인지에 대해 사람들에게 직·간접적으로 보여 주었다.

그것은 그가 진실을 규명하는 학문인 과학을 연구했던 것만큼 또 다른 소중한 진실을 위해서였을 것이다. 또한 그가 자신을 공산주의자라고 욕하던 사람들보다도 더 미국을 사랑하고 미국의 민주주의를 사랑했기 때문이었을 것이다. 그가 단순히 노벨화학상 수상자였다면 그의 업적은 과학사에 어느 위대한 과학자로만 적혀 있을 것이다. 그러나 노벨평화상 수상자 폴링의 인생은 과학자뿐 아니라 다른 많은 사람들에게도 삶의 방향과 사회적 의무를 알려 주는 중요한 이정표가 되었다. 그는 시대의 지성이며 행동하는 양심이었고 어떤 탄압에도 굴하지 않는 올곧은 모습을 보여 준 투사였다.

공익에 기여한 과학자,
조너스 소크와 이그나츠 제멜바이스

수리과학과 11 고진용

의학의 발전에도 죽어 가는 생명들

17세기 유럽에서 일어난 '과학 혁명' 이후 과학은 급속도로 발전해 왔다. 물리·화학·생명과학 등 다양한 분야에 걸쳐 진보해 왔고 그에 따라 과거에는 상상도 할 수 없었던 일들이 일어나고 있다. 우주로 나아가거나 해저 수천 미터 밑으로 내려가고 생명체의 유전자를 조작하는 등 다양한 일이 가능해졌다. 이러한 발전은 인간의 삶을 풍요롭고 편리하게 해 주었지만 그중에서도 인간의 생명을 구하는 데 가장 중요한 역할을 한 것은 의학이다. 불과 100여 년 전까지만 하더라도 천연두나 홍역 같은 질병들을 고칠 수 없어 죽어 가는 사람들이 많았지만 현대에는 상당수의 질병에 대한 백신과 치료약이 개발되면서 질병으로 죽는 사람들의 수가 급격히 줄어들었다.

그러나 모든 지역에서 의학 발전의 혜택을 누리고 있는 것은 아니다. 상대적으로 부유한 선진국에서는 전염병으로 목숨을 잃는 사람들이 줄었지만 아프리카나 동남아시아 등 가난한 국가들에서는 여전히 후천성면역결핍증(Acquired Immune Deficiency Syndrome, AIDS)과 말라리아로 인해 많은 사람들이 죽어 가고 있다. 말라리아는 백신과 클로로퀸 등의 치료약이 있으며 에이즈 또한 완치는 불가능하더라도 지속적으로 복용할 경우 일상생활이 가능한 소위 칵테일 요법이라는, 다양한 약을 동시에 사용하는 방법이 있다. 그럼에도 불구하고 이런 약의 효능을 누리지 못하는 이들이 존재하는 이유는 비싼 약값 때문이다. 부유한 사람들은 약을 살 여유가 있기 때문에 병에 걸리더라도 치료가 가능하지만 그렇지 않은 사람들은 비싼 약값을 감당할 경제적 여유가 없기 때문에 약을 써 보지도 못하고 목숨을 잃는 경우가 많다. 그렇다면 왜 이런 약들은 비싼 것일까?

많은 약들이 비싼 가격을 유지하는 것은 제약 회사들의 특허 때문이다. 고등학생 때 읽은 『거꾸로 생각해 봐! 세상이 많이 달라 보일걸』(낮은산, 2008)이라는 책에 보면, 선진국의 제약 회사들이 많은 약들의 특허권을 가지고 있는데 이것을 이용해 약에 높은 가격을 매기고 많은 이윤을 취하고 있다고 한다. 게다가 가난한 나라에서 국민들의 목숨을 구하기 위해 값싼 복제 약을 생산하려 해도 특허를 쥐고 있는 제약 회사에서 WTO(세계무역기구)와 같은 국제기구를 통해 압력을 넣고 소송을 제기하는 등 여러 방법을 통해 복제 약 생산을 제지한다고 한다. 그러므로 거대 제약 회사들의 이윤 때문에 많은 생명이 죽어 가고 있는 것이다. 이러한 이유 때문에 아직 박멸되지 못하고 있는 질병들도 있지만 우리나라에서는 이미 박멸이 선언됐으며 세계보건기구(WHO)에서도 박멸 선언을 준비 중인 질병도 있다. 그것은 바로 1953년 백신이 개발된 '소아마비'이다. 그런데 왜 하필 소아마비가 지구상에서 사라지고 있는 것일까?

태양에 특허를 신청할 수 없다

백신이 개발되기 전까지만 하더라도 소아마비는 공포의 질병이었다. 특히 미국에서는 1952년에 5만 8,000여 명이 감염되고 3,000여 명이 죽을 정도로 맹위를 떨친 병이다. 특히 희생자의 대부분은 어린이였다. 게다가 성인 희생자도 있었는데 미국 대통령이 된 프랭클린 루즈벨트가 그중 하나였다. 그래서 그는 소아마비 백신 개발을 위한 기관을 설립하기도 했다. 이러한 이유들로 당시 미국은 백신 개발에 사력을 다하고 있었다.

조너스 소크.

그러다 1948년 소아마비 국제 기금이 추진하는 프로젝트를 조너스 소크(Jonas Edward Salk)가 맡게 된다. 당시 그는 연구팀을 조직해 열정적으로 일했으며 수십만 명의 미국인들 또한 이 프로젝트에 참여하면서 국가적인 프로젝트가 되었다. 7년간의 연구와 실험을 통해 마침내 1955년 조너스 소크는 백신이 완성되었다고 발표했으며 이로 인해 그는 수많은 찬사를 받게 된다. 그와 함께 많은 사람들, 특히 제약 회사들의 관심을 모은 것이 바로 '특허'였다. 당시 미국은 소아마비의 공포에 떨고 있었기 때문에 이 특허를 갖는다면 그야말로 떼돈을 벌 수 있기 때문이었다. 그래서 수많은 제약 회사들이 거액의 돈으로 그를 유혹했다. 만약 그가 특허를 신청하고 제약 회사에 판매했다면 어마어마한 돈을 벌었을 것이다. 그러나 그는 교수 일로 버는 돈으로 충분하고 그 이상의 돈은 필요치 않다며 수많은 제안을 뿌리쳤다. 또한 인터뷰에서도 "특허는 없다. 태양에도 특허를 낼 것인가?"라며 특허는 모든 사람들의 것이라고 선언했다. 때문에 백신은 거의 생산 비용 그대로 싼 가격에 모든 사람들이 구입할 수 있게 되었고 소아마비는 약 반세기 만에 거의 박멸시킬 수 있게 된 것이다.

만약 그가 백신에 특허를 신청하고 제약 회사에 판매했더라도 그 누구도 그를 비난할 수는 없었을 것이다. 비록 많은 사람들의 도움이 있었다 하지만, 백신을 개발한 것은 그와 그의 연구팀이며 백신에 대한 권리는 그에게 있었기 때문이다. 만약 그가 특허를 신청하고 제약 회사에 팔았다면 소아마비는 지금처럼 빠르게 사라지지 못했을지도 모른다. 제약 회사에서 특허를 소유했다면 당연히 백신에 적지 않은 특허비를 붙였을 것이고 비싼 약값을 지불하기 힘든 대중들이 쉽게 치료받지 못했을 것이다. 하지만 소크 박사가 특허를 포기함으로써 모든 사람들이 백신을 이용할 수 있게 되었기 때문에 소아마비는 빠르게 지구상에서 사라지고 있다.

소크 박사에 대한 이 이야기를 처음 책에서 읽었을 때 큰 감동을 받았다. 태양에 특허를 낼 수 없다는 말도 그렇고, 공공의 이익과 사람들의 생명을 위해 자신의 이익을 한 치의 고민도 없이 포기한 그의 마음 때문이다. 나나 대부분의 사람들은 특허를 쉽게 포기하지 못했을 것이다. 의사와 교수로서 버는 돈이 있었고 그 돈이 먹고사는 데 부족하지 않았다고는 하지만 그렇게 풍족한 것도 아니었다. 만약 그가 자신의 노력을 강조하면서 특허를 포기하지 않고 제약 회사에 팔았다면 어마어마한 돈을 벌었을 것이고 이것을 두고 그를 비난할 사람은 없을 것이다. 하지만 그는 그러한 자신의 이익보다는 사람들의 생명을 더 소중히 여겼고 생명을 구할 수 있는 약에 감히 특허를 신청할 수는 없다고 생각했다.

과학자는 다른 그 어떤 것보다도 인류를 위해 일해야 한다는 사명감을 갖고 약을 개발할 때 프로젝트에 참여한 수많은 사람들의 도움을 잊지 않는 것이다. 소크는 약을 개발할 수 있었던 이유를 자신만의 능력이 아니라 사람들의 도움이 있었기에 가능하다고 여겼다. 그래서 약을 오롯이 사람들의 생명을 구하는 데 쓰기 위해 기꺼이 특허를 포기할 수 있었던 것이다.

생명을 구하기 위한 쓸쓸한 투쟁

이와는 조금 다르지만 비슷한 이야기를 더 해 볼까 한다. 19세기까지만 하더라도 유럽인들에게 수술은 두려운 것이었다. 당시 유럽은 급격한 발전과 변화를 이루고 있었고 의학에서도 마찬가지였다. 수술을 통한 치료법이 조금씩 퍼지고 있었던 것이다. 하지만 당시에 수술은 믿음을 주기보다는 두려움을 주었는데 그 이유는 마취제의 부재와 수술 후 합병증 때문이었다. 19세기 중반부터 에테르, 클로로포름, 이산화질소 같은 여러 마취 가스가 쓰이기 전까지는 마취제 없이 수술을 받아야 했다. 게다가 당시에는 무균 소독이라는, 지금은 당연한 위생 개념이 없었기 때문에 수술 후 합병증에 시달리는 일이 다반사였다. 때문에 수술 부위가 곪으면서 고통에 시달리거나 죽는 일도 심심치 않게 일어났다. 이는 아이를 낳는 산모에게도 마찬가지였다. 당시엔 아이를 낳은 후 앓는 산욕열로 산모의 약 10~30퍼센트 가량이 사망했다. 하지만 이상하게도 의사들보다 비전문적이고 비과학적이라고 생각되는 산파들이 관여하는 경우 사망률이 더 낮았다. 이는 일반적인 상식으로는 쉽게 이해할 수 없는 현상이었다.

헝가리의 의사였던 이그나츠 제멜바이스(Ignaz Philipp Semmelweis)는 자신이 근무하던 병원에서 이러한 현상을 발견하게 된다. 당시 그가 근무하던 병원에서는 의사들이 관리하던 제1병동과 조산원들, 즉 산파들이 근무하던 제2병동이 있었는데 제1병동에서의 산모 사망률은 약 10퍼센트였던 반면 제2병동에서의 사망률은 약 3퍼센트 정도밖에 되지 않았다. 상식적으로 설명이 되지 않는 이 현상에 대해 그는 단순한 우연으로 넘기지 않고 원인을 밝히기 위해 관찰을 시작했다. 조산원과 의사의 차이를 관찰하던 그는 조산원들은 분만실에 들어가기

이그나츠 제멜바이스의 초상.

전 손을 깨끗이 씻는 반면 의사들은 수술을 하거나 시체를 해부한 후 손을 씻지 않고 그대로 분만실에 들어가는 모습을 발견하게 된다.

그는 곧 병원의 의사들 또한 조산원들과 같이 다른 환자나 산모와 접촉하기 전 손과 수술 도구 등을 반드시 비누로 소독하게 했다. 이는 즉시 효과를 보여 제1병동에서의 산욕열로 인한 산모의 사망률이 제2병동보다 낮아지게 되었다. 소독의 효과를 확인한 그는 곧 고국으로 돌아가서 연구를 계속해 소독과 산욕열 사이의 관계를 설명한 『산욕열의 원인, 개념과 예방』이라는 논문을 쓰고 발간한다. 하지만 안타깝게도 그가 책을 출판한 당시 그의 주장은 다른 의사들에게 무시당했다. 그는 이에 굴하지 않고 지속적으로 자신의 주장을 펼쳤으나 여러 가지 이유로 인해 그가 정신병원에서 사망할 때까지 받아들여지지 못했다. 그러나 결국 후대의 지속적인 연구와 파스퇴르의 미생물 발견으로 인해 비로소 그의 주장은 빛을 보았고 오늘날 수술을 통한 감염으로 죽는 사람들의 수가 줄어들게 되었다.

19세기 중반까지만 해도 다른 환자를 치료한 손을 소독하지 않은 채 그대로 다른 환자들과 접촉하고 수술을 집도했다는 것을 듣고 경악했다. 지금은 손은 물론이고 각종 도구들 또한 꼼꼼하게 소독하고 관리하는 것이 당연하고 그럼에도 불구하고 일말의 불안함이 있다. 하지만 당시에는 이런 당연한 것조차 하지 않았다니 생각만 해도 끔찍했다. 이 때문에 당시에 산파들이 관여하는 것보다 의사들이 관여하는 것이 더 사망률이 높았던 것은 당연한 것이다.

하지만 제멜바이스는 그런 이상한 현상을 알아채고 그 이유를 밝히기 위해 나선 것이다. 사실 당시에도 사회적 지위가 더 높았을 의사가 산파들보다 못하다는 사실을 받아들이는 것이 쉽지 않았을 것이다. 하지만 그는 그것을 거부감 없이 받아들이고 남들이 자신의 주장을 받아들이지 않았음에도 포기하지 않았다. 물론 말년에 그는 결국 정신병원에서 죽었지만 사람들의 생명을 구하기 위해 다른 사람들에게 조롱받는 것도 개의치 않았던 그의 자세는 지금까지도 생생하게 살아 있다.

인류에 공헌하는 과학자로서의 길

사실 학문적인 관점에서 조너스 소크나 이그나츠 제멜바이스보다 더 위대한 발견, 발명을 한 과학자들은 수없이 많다. 패러다임의 전환을 이끈 갈릴레오 갈릴레이나 알버트 아인슈타인도 있으며, 만유인력을 발견한 고전 역학의 왕이라 할 수 있는 뉴턴, 질량 보존의 법칙의 라부아지에, 전자기학의 마이클 패러데이 등 기라성 같은 학자들은 아주 많다. 이들은 위대한 업적을 남겼고 또한 그들의 업적으로 인해 지금의 사람들이 과거보다 더 윤택한 삶을 누리고 있는 것도 사실이다. 때문에 이 과학자들을 존경하는 것은 마땅하다고 생각한다.

하지만 내가 이들보다 소크와 제멜바이스를 더 존경하는 이유는 비록 학문적인 업적은 그들에 비해 부족할지 몰라도 인류를 위해 자신의 이익을 포기한 숭고한 정신 때문이다. 진리에 대한 탐구심, 뛰어난 업적을 성취할 만한 능력 그리고 탐구심과 능력을 이용해 성취한 업적 등은 과학자로서 존경할 만한 것이지만 나는 그보다 더 중요한 것은 '인류를 위해 연구하는 자세'라고 생각한다. 물론 인류에 도움이 될 결과를 내놓은 것만으로도 충분하고 그것을 꼭 자신의 이익을 포기하고 공유

헝가리 부다페스트에 위치한 제멜바이스 의과대학은 헝가리에서 가장 오랜 역사를 자랑하며 특히 현재 재학 중인 학생의 30% 정도가 외국에서 온 학생일 정도로 전 세계적으로 유명한 국제 학교이다. ⓒ D. Kiss Balázs

해야 하는 것은 아니다. 하지만 그렇기 때문에 더욱 더 그 과학자가 존경받을 만한 가치가 있는 것이 아닐까.

제멜바이스 또한 마찬가지이다. 사실 보통 사람이라면 산파가 근무하는 제2병동의 사망률이 더 낮은 사실을 그냥 우연으로 치부하면서 의사들에게 문제가 있다는 사실을 부정했을 것이다. 하지만 그는 권위의식에 사로잡히지 않고 그 원인을 규명하기 위해 노력했다. 그리고 다른 사람들이 그의 주장을 받아들이지 않고 코웃음 칠 때도 자신의 주장을 굽히지 않고 관철시키기 위해 노력했다. 비록 생전에 그의 주장이 받아들여지지 않았음에도 불구하고 말이다. 그 이전에 소독의 중요성을 설파한 올리버 홈스(Oliver Wendell Holmes)와 같은 사람들이 있었지만 자신의 주장이 받아들여지지 않자 결국 포기하고 살아간 그들과는 달리 제멜바이스는 끝까지 포기하지 않았기 때문에 더욱 존경받을 만한 가치가 있다고 생각한다. 게다가 그의 사후에 미생물의 발견과 함께 무균법의 중요성이 밝혀져 수술 후 합병증으로 죽는 사람들의 수를 대폭 줄일 수 있었다. 이 두 사람의 노력과 희생 덕분에 우리는 더 이상 소아마비를 두려워하지 않고 수술을 안전하게 받을 수 있게 된 것이다.

사실 내가 전공으로 삼고 있는 수학은 다른 과학 학문에 비해 직접적으로 생활에 연결되지는 않는다. 화학과 생물의 경우 질병에 대한 약이나 수술 방법 등을 개발하여 사람들의 생명을 구할 수 있지만 수학은 그렇지 않다. 수학은 자연 과학 중에서도 가장 기초적이며 순수한 학문이고, 그 때문에 다른 학문의 도구로써 쓰일 뿐 그 자체가 직접적으로 우리 생활에 영향을 미치거나 많은 생명을 구할 수는 없다. 하지만 내가 연구한 분야가 후일 인류의 삶의 질을 향상시키는 데 어떤 영향을 미칠지는 알 수 없다. 또한 연구하는 분야가 아니더라도 작은 아이디어를 통해서도 얼마든지 어려운 사람들을 도울 수 있다.

그렇기 때문에 내가 연구하는 분야에서 최선을 다하고 가능하다면 인류에 도움이 되는 것을 발견·발명하고 그것을 내 이익을 위해서가 아니라 인류의 이익을 위해서 쓰도록 노력하고 싶다. 또한 어려운 처지에 놓인 사람들을 위한 프로젝트에 아이디어를 냄으로써 간접적으로라도 도움을 주고 싶다. 조너스 소크와 이그나츠 제멜바이스가 나에게 귀감이 되었듯이 나 또한 다른 사람들의 모범이 되도록 노력할 것이다.

앤드루 와일즈, 한 수학자를 통해 본 성공의 필요조건

기계공학전공 11 정용수

얼마 전 수학 학원에서 강의를 하다 우연하게 수학과 관련된 책을 한 권 읽었다. 대부분은 아이작 뉴턴, 가우스 등 수학 분야에 크나큰 공을 세우고 우리에게 충분히 알려진 사람들에 관한 이야기였다. 뉴턴, 가우스, 갈루아, 오일러 등의 수학자들은 수학 분야에 크나큰 자취를 남긴 사람들이 분명하나 우리에게는 분명히 시간적으로 먼 사람들이다. 그런 이유에서 평소에 딱히 수학 분야에 관심이 없었던 나는 약간의 지루함을 느끼며 책장을 넘기고 있었다. 그렇게 어느덧 거의 그 책의 막바지에 이르렀을 때 1953년에 태어나 지금까지도 살아 있는 사람을 만나게 되었다. 바로 앤드루 와일즈(Andrew Wiles)였다. 어디선가 들어 보기는 했지만 누군지는 잘 알지 못했던 나로서는, 이 사람은 어떤 사람이기에 벌써 이 책에 실려 있을까 하는 호기심과 동시대를 살아가는 수학자라는 것에 큰 흥미를 느끼고 그에 대한 이야기를 읽어 나가기 시작했다.

앤드루 와일즈와 '페르마의 마지막 정리'

앤드루 와일즈는 옥스퍼드 대학교(University of Oxford)에서 교수를 지낸 마우리스 와일즈(Maurice Wiles)의 아들로 1953년에 태어났다. 마우리스 와일즈는 1952년부터 1955년까지 케임브리지 리들리 홀에서 사제로 일했는데 이 당시 앤드루 와일즈가 영국 케임브리지에서 태어난 것이다.

와일즈는 열 살 무렵, 학교에서 돌아오는 길에 우연히 '페르마의 마지막 정리(Fermat's last theorem)'를 발견했다고 말한다. 그는 지역 도서관에 우연히 들렀다가 그 정리를 발견했는데, 열 살 아이조차도 쉽게 이해할 수 있을 만큼 간단명료하면서 여태껏 아무도 증명하지 못한 정리의 아름다움에 매료되었다는 것이다. 그는 그 정리를 최초로 증명한 사람이 되고자 마음먹었지만 이내 그의 지식이 너무 얕다는 것을 깨닫고 포기하고 만다.

페르마의 초상.

피에르 페르마(Pierre de Fermat)는 17세기 최고의 수학자로 꼽히며, 근대의 정수이론 및 확률론의 창시자로 알려져 있고 그가 죽기 전에 남긴 마지막 정리는 "$X^n + Y^n = Z^n$에서 X, Y, Z가 0이 아닌 정수이고, n이 3 이상의 자연수인 경우, 이 관계를 만족시키 x, y, z 값은 존재하지 않는다."는 것이다. 당시 그는 이 명제만 적어 놓은 채 "나는 정말 놀라운 증명을 발견해 냈다. 하지만 이 여백이 너무 좁아 적을 수가 없다."라는 수수께끼 같은 말만 남겨 두고 증명은 해 놓지 않았다.

당시 페르마의 마지막 정리는 350여 년간 수많은 수학자들이 풀려고 도전했지만 결국 풀지 못했고 이 명제가 틀린 것이 아닌가라는 의심까지 나올 정도로 희대의 난제였다. 이 증명을 시도한 사람들 중에는 가우스, 갈루아, 오일러 등 이름만 들어도 알 수 있을 만한 수학자들도 있다. 각각 모듈러 형식이나 갈루아 표현으로 이 문제를 푸는 데 어느 정도 다리만 제시해 놓았을 뿐 증명에 성공하지는 못했으며 오일러의 경우도 n=3인 경우만 증명한 정도였다.

시간이 지날수록 수학자들은 이 문제보다는 다른 문제에 집중하게 되었고 페르마의 마지막 정리는 서서히 증명 불가능하다, 명제가 틀렸다 등의 갖가지 추측들이 나돌기 시작했다. 사실 앤드루 와일즈도 그러한 사람들 중 하나로 전공이 수학이기는 했지만 1970년 대수학에서 가장 유행한 분야인 타원곡선, 초월함수 쪽을 공부했다. 즉 앤드루 와일즈 역시 페르마의 마지막 정리는 잊고 다른 수학 분야를 공부한 것이다.

하지만 그에게 어린 시절의 꿈을 한순간에 생각나게 해 준 일이 수학계에서 일어났다. '타니야마 – 시무라 추측'이 바로 그것인데 단순히 추측일 뿐이었지만 수학 분야에서 가진 힘은 참으로 막강했다. 이것은 서로 다른 두 분야, 예를 들면 타원곡선과 정수론처럼 전혀 상관없어 보이는 두 분야를 이어 주는 다리이기도 하면서, 강력한 사전으로써 이쪽 분야의 문제, 용어, 정리 등을 완전히 다른 쪽 분야의 문제, 용어, 정리로 번역시켜 줄 수 있었다. 그만큼 타니야마-시무라 추측은 실로 중요한 추측이었지만 타니야마가 자살하면서 이 추측 역시 수학 분야에서 미해결 난제가 되어 버린다.

이때부터 앤드루 와일즈는 자신의 전문 분야와 어릴 적 꿈이 순식간에 이어지는 것을 보고 본격적으로 페르마의 마지막 정리 증명에 매달리게 된다. 그는 무려 7년을 세상과 단절한 채 페르마의 마지막 정리 하나에만 몰두한다. 내가 만약 어떤 한 문제를 가지고 7년이란 시간을 몰두한다고 생각하니 정말 상상조차 할 수 없을 만큼 고독한, 자신과의 끝없는 싸움이라는 생각이 들었다. 언제 풀릴지도 모르는 문제를 가지고 7년 동안을 몰두하는 것은 정말 극한의 인내심과 자신에 대한 확신이 없으면 아주 힘든 일이다.

물론 앤드루가 페르마의 마지막 정리를 증명하기까지는 정말 많은 난관들이 있었고, 실제로 증명을 한 뒤 전 세계의 스포트라이트를 받던 찰나에 그의 증명에서 사소해 보이지만 중대한 오류가 발견되는 장애물을 만나기도 했다. 하지만 그는 끝까지 포기하지 않았고 결국 세계는 그의 증명을 인정하게 되었으며, 페르마의 추측은 더 이상 추측이 아닌 참인 '페르마의 정리'로 정정되었다. 불과 20년 전의 사실을 흥미진진하게 읽었는데 앤드루는 그 어떤 위대한 인물보다도 나에게 큰 깨달음을 주었다.

위대한 수학자가 되기까지

와일즈가 성공할 수 있었던 이유는 첫 번째로 그의 끈기를 들 수 있다. 7년이란 시간은 내가 열다섯 살 때부터 지금까지의 시간이다. 놀라울 정도로 긴 시간이며 내가 지금까지 살아온 시간의 삼분의 일이다. 그 긴 시간 동안 한 가지 주제가 해결될 때까지 파고든 끈기가 그를 세계에서 가장 유명한 수학자 중 하나로 만들었고, 지금의 명예를 얻게 해 준 하나의 원동력이 되었다.

두 번째는 사고의 유연성이다. 그가 타원곡선을 그의 전공 분야로 정한 것은 분명 페르마의 정리와는 관계가 없는 것이 확실하다. 타원곡선 분야는 타니야마의 추측이 없었다면 분명히 페르마의 정리와는 전혀 관계가 없는 분야이다. 그 후 여러 수학자들의 영감이 있기는 했지만 전혀 다른 분야의 전공자가 어릴 적 꿈 하나를 가지고 페르마의 정리 문제 해결에 뛰어든다는 것은 보통 일이 아니며, 자신의 전공 분야에서의 지식을 여러 증명을 도구 삼아 페르마의 정리 해결에 성공적으로 대입시킬 수 있었던 사고의 유연성이 있어야만 가능한 업적이라고 생각한다. 또한 자신의 증명이 아니더라도 당시의 수학자들이나 과거의 수학자들의 접근 방법, 예를 들면 갈루아 표현, 모듈러 함수 등을 적절히 활용할 수 있는 사고의 유연성이 있었기 때문에 이루어 낼 수 있었던 것이다. 만약 그가 독단적이고 자존심만 강한 천재였다면 페르마의 정리는 여전히 추측으로 불리고 있지 않았을까.

세 번째는 자신에 대한 확신이다. 7년이란 긴 시간에 걸쳐 이루어 낸 증명이 전 세계의 이목을 끌고 찬사를 받다가 갑자기 중대한 오류가 드러났다면, 당사자의 심정은 겪어 본 자가 아니면 절대로 알 수 없을 것이다. 본래 수학에서의 증명이란 99퍼센트가 완벽해도 1퍼센트의 오류가 있으면 실패한 것으로 본다. 와일즈가 오류를 발견하고 고치기까지의 1년 6개월이라는 시간은 분명 고독한 싸움이었을 것이며 시간이 흐를수록 대중의 찬사는 점점 비판으로 바뀌어 갔을 테고 이때의 괴로움은 아마 참기 힘든 고통이었을 것이다. 7년이란 시간 동안 그 정리에 매달리면서 결국 증명해 낸 것도 정말 대단하지만 개인적으로는 오류를 해결할 방법을 생각해 낸 것이 더 높이 평가받아야 한다고 생각한다.

실제로 와일즈는 오류가 발견된 후 다음과 같이 말했다.

"제가 이 문제와 씨름했던 7년 동안 저는 1분 1초를 사랑했습니다. 무척 어려운 일이었고 좌절도 참 많았고 도저히 못 넘을 것 같던 난관도 있었지만 그것은 모두 나 자신과의 싸움이었습니다. 그런데 그것이 깨어졌죠."

자기 자신과의 싸움을 힘겹게 끝냈는데 그것이 수포로 돌아갈 수 있는 시점에서, 그 누구보다도 힘들었을 그때 그는 자신을 한 번 더 믿고 결국에는 증명을 완성해 낸다. 책에서 이 부분을 읽었을 때 정말 영화를 보는 듯한 감동을 받았다. 현실이지만 정말 영화 같은 이야기이고, 실제로 그가 해결해 낸 과정 하나하나를 보면 다른 수학자들이 해 놓은 증명을 도구 삼아 한 단계 나아가고 난관을 해결했던 것이다.

앞에서 언급한 끈기, 사고의 유연성, 자기 자신에 대한 확신, 이 모든 것이 잘 맞아떨어졌기 때문에 이루어진 위대한 업적이라고 생각한다. 하지만 이것만으로 그가 페르마의 정리를 해결할 수 있었을까? 다시 상기시켜 보면 그의 전공 분야는 분명 타원곡선이다. 정수론에 해당하는 페르마의 정리와는 전혀 관계가 없어 보이는 분야이다. 와일즈 자신도 그렇게 말하고 있다. 그런데 무엇이 그를 타원곡선과 페르마의 정리로 이어 주었을까? 그것은 바로 어린 시절 그가 품었던 아주 작은 꿈이라고 생각한다. 그가 그런 꿈을 갖지 않았다면, 그는 수학자가 아닌 목수를 하고 있었을 수도 있고 사업가가 되어 있었을 수도 있다. 하지만 그는 꿈이 있었다. 열 살도 이해할 수는 있지만 그 어떤 대수학자도 350년간 증명하지 못했던 페르마의 정리를 자기 손으로 풀고야 말겠다는 어릴 적의 꿈을 마음속 깊이 간직하고 있었기에 타니야마 – 시무라의 추측이 세상에 나왔을 때 페르마의 정리 증명에 주저 없이 뛰어들 수 있었다고 생각한다.

페르마의 동상.

결국 그는 끈기, 사고의 유연성, 자신에 대한 확신이라는 여러 도구에 꿈이라는 결정적인 동기가 보탬이 되어 350년간 수학자들의 숙원인 동시에 수학계 최대의 난제 중 하나인 페르마의 정리 증명을 완성시켰다. 물론 동시대의 수학자들의 여러 증명과 도움이 없었다면 이 또한 불가능했을 것이므로 그에게 행운도 뒤따라 주었다는 것을 알 수 있다.

책을 읽은 뒤 '나'를 돌아보다

사실 와일즈가 가진 것 중에 나는 무엇을 가지고 있는지 생각해 보면 딱히 자신 있게 말할 수 있는 게 없다. 자기 자신에 대한 확신도 아직까지는 없는 상태이고 사고의 유연성이나 끈기는 말할 것도 없다. 중학생 때부터 뭔가 좋아하는 일에는 열심히 몰두해 보았지만 그것이 유익한 일에 대한 몰두인 적은 한 번도 없었기에 자랑할 만한 것도 아니며 창의력만큼은 정말 없다는 것을 요즘 조 모임이나 여러 과제들을 하면서 느끼고 있다. 하지만 내게도 남부럽지 않을 만한 끈기가 발동될 때가 있다. 나는 경쟁이 있을 때만큼은 그 누구보다도 열심히 하려 하고 지기 싫어한다. 또한 사람들에게 나의 노력을 인정받고 칭찬받을 수 있다는 확신이 있으면 정말 열심히 하는 성향이 있다. 거꾸로 말하면 와일즈처럼 풀릴지 안 풀릴지도 모르는 문제를 가지고 홀로 7년을 씨름하는 것은 나에게는 절대로 있을 수 없는 일이다.

나는 이렇게 생각한다. 사람들은 모두 개개인의 특성을 가지고 태어난다. 와일즈는 홀로 방에 박혀서 수학 문제를 풀거나, 이해되지 않는 부분이 있으면 끝까지 물고 늘어지는 성격을 가지고 태어났을 가능성이 높다. 이처럼 위에서 말한 요소 중 끈기, 사고의 유연성 같은 것은 유전적으로 가지고 태어날 확률이 높다고 생각한다. 물론 노력으로 스스로를 바꿨다고 주장할 수 있지만 그 노력을 하게끔 하는 자신의 의지나 성격 또한 가지고 태어나는 것이라고 생각한다. 즉 끈기, 사고의 유연성 등 두뇌의 능력이나 성격은 자신의 의지와 상관없이 결정되어 있거나 환경에 의해 결정된다.

나는 교사인 부모님 밑에서 자랐으며 비교적 평범한 학생 시절을 보냈고 이것이 나의 유전적 요소와 결합되어 지금의 나를 만들어 냈다. 물론 의지가 관여하는 부분도 있었겠지만 환경과 유전적인 요인이 훨씬 더 컸을 것이다. 허나 결국 현재의 내가 관여할 수 있는 부분은 의지적인 부분이다. 즉 자신에 대한 확신과 꿈이야말로 현재 나에게 있어 가장 본받을 만하고 현실적으로 받아들이기 쉬운 부분이다. 꿈을 키워 나가고 자신을 믿는다는 것은 정말 중요하다. 스스로에게 확신이 있는 사람은 자신감이 있고, 그 자신감을 바탕으로 어떤 일이든지 그 일이 설령 실패하더라도 부딪혀 볼 용기가 있는 것이다. 와일즈가 만약 스스로를 믿지 못했다면 7년이란 시간을 버티지 못했을 것이며, 꿈이라는 동기가 없다면 역시 정리를 증명한다는 것은 불가능했을 것이다.

나는 아직 장기적인 꿈을 품지 못하고 있다. 단기적인 목표는 잘 세우고 그에 대한 동기도 확실한 편이지만 길게 보았을 때 10년 뒤 내가 바라는 나의 모습은 그냥 돈에 대해 걱정 없고 시간 여유도 있길 바랄 뿐 더 이상 생각해 놓은 꿈이 없다. 이번 기회에 인생을 길게 보고 실천할 만한 꿈 하나 정도를 정해 놓는 것이 좋다고 생각했다. 아무리 허황된 꿈이라도 내가 진정으로 원한다면 와일즈처럼 어느 순간 내 인생이 그 꿈과 연결될 수 있지 않을까라고 기대해 본다.

나눔디자인과 적정기술로
바라본 이상적인 공학자상

수리과학과 11 최소은

몇 달 전, 북측 학교 식당 앞에서 국제 아동 권리 기관인 '세이브 더 칠드런'이 후원자를 모집하는 것을 보았다. 호기심에 찾아가 기웃거렸더니 자원봉사자들이 이것저것 설명해 주었는데 지구 반대편에 있는 아이들은 내가 알고 있는 것보다 훨씬 열악한 환경에 처해 있었다. 특히 나의 하루 식사 값이 아프리카에 사는 아이 한 명이 약 한 달 동안 지속적인 교육을 받을 수 있는 금액이라는 것에 충격을 받아 아프리카 말리에 사는 13세 소녀 마리암과 결연을 맺었다. 그리고 기숙사로 돌아와 마리암은 어떤 환경에서 자라고 있는지 궁금해 말리에 대해 검색해 보았다. 놀랍게도 말리는 세계 10대 최빈국에 속하는 나라로 위생 수준이 매우 낮고 말리에 사는 영유아 다섯 명 중 한 명은 다섯 살이 되기 전에 사망한다는 통계 자료를 보았다.

말리뿐만 아니라 12억 명이 살고 있는 아프리카는 가난, 질병, 내전 등 고질적인 문제에 시달리고 무려 인구의 85퍼센트가 빈민층에 해당한다. 예전에도 아직 개발되지 못한 나라들은 가난하고 살기 힘들다는 것은 알고 있었지만 여러 영상과 사진, 통계 자료에서 본 실상은 내가 알고 있는 것보다 훨씬 심각했다. 사진 속에서 해맑게 웃고 있는 마리 암이 이렇게 열악한 환경에서 생활한다는 것이 너무 안쓰러웠다. 다른 도울 만한 일이 있나 찾아보다가 여러 공학자들이 아프리카 주민들의 생활 수준을 바꾸기 위해 시도했던 기술과 개혁을 접하게 되었다.

적정기술의 등장

1960년대부터 일본과 독일이 급격한 과학 기술의 발전에 따른 산업화로 다시 일어서자, 사람들은 경제 발전을 이루는 방법으로 과학 기술에 주목하기 시작했다. 하지만 큰 단위의 자본을 한꺼번에 투자하기에는 무리가 있어 그보다 훨씬 값싸면서 현지의 재료를 사용하고 비교적 간단한 기술인 '적정기술(appropriate technology)'이 사용되었다.

이 개념은 1960년대 경제학자 에른스트 슈마허(Ernst Friedrich Schumacher)가 만들어 낸 '중간기술(intermediate technology)'이라는 용어에서 시작되었다. 식민지 시대에 영국의 값싼 직물이 인도로 들어오자 직접 물레를 돌려 자기 옷을 짓는 운동을 시작한 간디의 저항 운동이 적정기술의 원조이며, 슈마허는 이러한 간디의 운동과 불교 철학에 영향을 받아 올바른 지역 개발을 위해서는 그 지역의 문화·정치적 조건을 감안하여 개발된 적정기술이 필요하다고 주장했다. 이렇게 시작된 적정기술은 한때 부작용이 없는 제3세계에 적합한 기술로 인정받았지만, 1980년대에 우리나라와 대만이 대형 자본과 선진국들의 기술을 그대로 받아들이고 비약적으로 성공하자 적정기술보다는 선진국의 거대 기술이 경제 발전에 효과적이라는 생각이 확산되었다. 자연스럽게 적정기술 운동은 사그라졌다. 그러던 중 적정기술의 대가인 폴 폴락(Paul Polak)이 등장한다.

폴 폴락은 기존의 사람들이 가졌던 제3세계에 대한 인도주의적인 시선을 비판했다. 그는 적정기술을 제3세계 사람들에게 기부하는 것이 아니라 냉정하고 철저한 계획에 의해 개발해야 한다고 주장했다. 그는 전 세계 사람의 약 10퍼센트가 부유하고 90퍼센트가 빈곤하다는 것에 착안하여 상위 10퍼센트 사람들의 욕망을 채우는 기술보다 소외된 90퍼센트의 빈곤한 사람들을 위한 진정한 적정기술이 필요하다고 말했다. 또한 빈곤한 사람들을 자선의 대상이 아닌 고객으로 대하여 그들이 필요로 하고 저렴한 가격으로 살 수 있을 뿐만 아니라 충분한 이용 가치가 있는 디자인의 실현을 지향했다. 이는 그전까지 만연했던, 지불 능력이 큰 소비자의 욕망을 위한 것이 아닌 90퍼센트의 사람들의 필요를 충족하는 디자인을 강조하며 기존의 디자인을 비판하는 혁명을 일으켰다. 그 후 폴 폴락은 2007년에 'D-Rev'라는 프로젝트를 만들어 '가난한 90%를 위한 설계'라는 이름의 네트워크를 만들며 적정기술 개발에 힘썼다.

폴 폴락의 'D-Rev'는 낙후된 지역에 가장 필요한 기술을 최소한의 가

캄보디아의 한 여성이 대나무 페달 펌프로 물을 끌어올리고 있다. 폴 폴락은 "전문가의 90%가 부유한 10%를 위해 일하고 있다. 우리는 우리의 역량을 소외된 90%를 위해 써야 한다."라는 문제의식을 가지고 낙후 지역에 필요한 기술을 원조하고 있다.

격에 제공하여 그 지역이 자립할 수 있는 힘을 길러 주는 것을 목표로 했다. 그들이 개발한 적정기술 중 하나인 페달 펌프는 물이 부족하여 농사를 짓기 힘든 방글라데시의 건기에 농사가 가능하게끔 해 주는 것으로, 방글라데시 날씨에 맞게 특화된 기술이다. 그들은 페달 펌프를 1대당 8달러, 시공비 25달러의 저렴한 가격으로 제공했는데 개발의 현지화로 페달 펌프를 제조하고 설치를 한 빈곤층 사람들 모두 이익을 볼 수 있게 해 주었다. 'D-Rev'는 페달 펌프를 판매함으로써 방글라데시 사람들이 필요로 하는 기술을 제공함과 동시에 그 지역 사람들이 자립할 수 있게 하여 그들의 목표를 실현했다. 또한 현지에서의 사회적 기업 설립을 추진하여 지속 가능한 적정기술 개발을 위한 모델을 제시했다. 이렇듯 폴 폴락과 'D-Rev'는 단순한 기술 개발과 지원이 아닌 적정기술에 대한 올바른 개념을 확립하고 효과성과 지속 가능성을 높이기 위해 사회적 기업 모델을 제시하는 등 진정으로 90퍼센트 사람들을 위해 노력했다.

공학자들은 이러한 노력을 본받아 기술 개발에 대한 바른 생각을 가져야 한다. 1960년대 이후 공학자들이 만들어 낸 많은 기술들은 상위 10퍼센트 사람들의 발전에 큰 도움이 되었지만 90퍼센트 사람들과의 기술 격차를 크게 벌려 놓았으며 기술 개발의 혜택을 받지 못한 사람들은 절실한 도움이 필요한 상황이 되었다. 따라서 공학자는 인간의 발전을 위해 연구를 하는 사람인 만큼 단순히 새로운 기술을 만들어 내거나 기존의 것을 향상시키는 연구로 상위 10퍼센트 사람들의 발전을 꾀하기보다, 적정기술 개발을 위한 노력으로 자신의 연구가 90퍼센트 사람들의 필요를 충족할 수 있어야 함을 항상 유념하고 지향해야 할 것이다.

카이스트 적정기술의 대가, 배상민 교수님

이런 생각을 잘 지키고 있는 분을 카이스트에서 만날 수 있었는데 바로 산업디자인학과의 배상민 교수님이다. 배상민 교수님의 연구실 이름은 'ID+IM' 디자인 연구실이다. 'ID+IM'의 뜻은 'I Dream+Design+Donate, therefore I am' 즉 나는 꿈꾸고, 디자인하고, 기부함으로써 내가 존재한다는 것이다. 배상민 교수님은 대부분의 디자이너들이 상위 10퍼센트 사람들의 욕망만을 위하여 디자인하는 것을 비판하고, 구매력이 없다는 이유로 신경 쓰지 않는 90퍼센트의 사람들

제3세계 사람들을 위해 개발한 '사운드 스프레이'의 광고 이미지. 전기 없이도 자가발전해 지속적으로 사용할 수 있다는 점이 특징이다.

을 위해 삶의 문제를 찾고 그것을 해결하는 것에 초점을 맞추고 있다.

배상민 교수님은 '나눔디자인 프로젝트'를 통해 새로운 상품을 기획하고 디자인한 다음 수익금 전액을 저소득층 어린이들의 장학금으로 사용하고 있다. 나눔디자인 프로젝트의 상품 중 하나인 '사운드 스프레이'는 말라리아 질병 때문에 힘들어하는 제3세계의 사람들을 위한 모기 퇴치 음파 발생기이다. 그는 프레온 가스 벌레 퇴치제를 사용할 때 사람들이 무의식적으로 흔들어 사용하는 행동 양식을 모방하여 통 속에 자가 발전기를 넣어 모기 퇴치제를 흔들어 충전할 수 있도록 만들었다. 이렇게 충전한 모기 퇴치제는 벌레가 싫어하는 초음파를 발생시켜 반경 5미터 안에 벌레가 접근하지 못하게 할 수 있다. 따라서 사운드 스프레이는 모기 때문에 전염병이 발생하는 제3세계의 열악한 환경과 그들의 문화에 맞추어 사람들의 원하는 바를 만족시켜 주는 적정기술의 좋은 예라고 할 수 있다. 이와 같이 소비자에게 끊임없이 물음표를 던져서 적은 비용으로 그들의 생활을 침범하지 않는 범위에서 도움이 되는 제품을 만들어 내는 것이야말로 이상적인 공학자의 태도라고 생각한다.

이외에도 배상민 교수님은 나눔조명인 '딜라이트'나 친환경 가습기 '러브 팟' 그리고 접이식 MP3 플레이어인 '크로스 큐브' 등 소비자의 요구를 콕 짚어 내 실제로 사용할 수 있도록 발명했다. '딜라이트'는 LED를 사용한 조명으로 스탠드의 갓 부분이 사용자의 취향에 따라 그 모양을 바꿀 수 있는데 하트 모양으로 바뀔 때 그 빛이 가장 밝아진다. 이것은 단순히 빛의 밝기와 퍼짐 정도를 소비자가 원하는 대로 바꿀 수 있는 것이 아니라 하트가 의미하는 나눔이 세계를 밝힐 수 있다는 것을 내포하고 있다. '러브 팟'도 하트 모양으로 나눔을 의미하며 보통의 가습기에 생기기 마련인 박테리아의 걱정이 전혀 없고 물을 채워 주기만 하면 저절로 습도가 맞춰지는 천연 가습기일 뿐만 아니라 전기가 필요 없어 에너지도 절약할 수 있다. '크로스 큐브'는 십자가 형태를 통해 나눔을 상징하고 이웃을 사랑하자는 의미를 담고 있다. 판매 수익금은 전액 저소득층 학생들이 꿈을 실현할 수 있도록 기부하고 있다.

"세계 인구 중 90퍼센트는 하루에 만 원도 쓰지 못하는 저소득층이고 세계 인구 중 1퍼센트만이 대학까지 배울 수 있는 기회가 주어진다. 이런 것들은 노력이 아니라 태어날 때부터 결정되는 경우가 많다. 내가 가진 것을 못 가진 90퍼센트를 위해 하는 기부는 선택이 아니라 필수이다."

비단 기부가 돈을 내놓는다는 것만을 의미하는 것은 아니다. 기부는 공학자로서 사명의식을 가지고 자신의 연구와 기술이 나의 이익만을 위해서가 아닌 빈곤층 90퍼센트를 위해서 써야 한다는 것 또한 포함한다. 연구의 결과물이 어떤 목적을 향하고 있는지, 사람들에게 얼마나 큰 영향을 미칠지, 또 다른 분야에는 어떤 영향을 끼칠지를 항상 생각해야 한다. 그리고 그 중심에는 현재 과학 기술의 혜택을 제대로 받지 못하는 90퍼센트 빈곤층이 늘 자리 잡고 있어야 한다.

과학자이자 공학도로서 우리가 가져야 할 태도

나는 과학자가 가치중립성을 띠어야 한다고 생각한다. 즉 과학 기술 자체는 객관적인 사실만을 연구 대상으로 하고 주관적인 가치에 대한 판단을 배제하는 자세를 취해야 한다는 것이다. 하지만 공학자는 다르다. 과학 기술을 직접적으로 사용하는 입장에서 자신의 사회적·종교적·정치적 배경에 따라 연구 방향에 가치가 개입될 수밖에 없다. 따라서 연구 성과가 나중에 어떻게 활용될 것인지에 대해 어느 정도 예측을 할 수 있기에 공학자는 자신의 연구에 대한 도덕적 책임의식을 지니고 바람직한 자세를 가져야 한다.

폴 폴락이 주장한 바람직한 적정기술의 형태와 배상민 교수님의 나눔디자인은 공학도로서 우리가 어떤 자세를 가져야 하는지를 잘 보여주고 있다. 과학 기술의 발전이 곧 우리나라, 더 나아가 세계의 발전을 뜻하기 때문에 공학자는 선두에 서서 사람들을 이끄는 숨겨진 리더이다. 때문에 단순히 연구를 자신의 돈벌이로만 생각해서는 안 되며 자신의 연구가 결과적으로 사람들과 사회에 어떤 영향을 끼칠 수 있는지 유의해야 한다. 더 나아가 가진 것이 없고 과학 기술의 혜택을 누리지 못하는 사람들을 책임진다는 공학자의 사명의식을 잊지 말아야 한다. 항상 어떻게 하면 좀 더 비용이 덜 들고 빈곤층의 사람들이 더 쉽게 이용할 수 있는 결과물을 만들어 낼 수 있을지 고민하여 결과물을 만들어 내는 것이 바람직한 공학자의 태도라고 할 수 있겠다.

가끔씩 마리암에게 편지가 온다. 책 읽는 것이 재밌고 학교에 보내주어 정말 감사하다는 그녀의 꿈은 교사이다. 누군가에게는 길거리에서 산 옷 한 벌이 한 나라의 교사를 만들 수 있다는 사실이 마음을 따뜻하게 한다. 이렇게 정기적인 후원이 모여 제3세계는 조금이나마 빈곤에서 벗어날 수 있다. 하지만 우리는 세계적인 대학에서 수학하는 훌륭한 공학도로서 많은 돈을 기부하는 것보다 더 큰 변화를 만들 수 있다. 우리 모두가 마음속 깊숙이 마리암을 간직하고 각자의 분야에서 연구하고 노력하면 세계는 더욱 아름다워질 것이다.

여러분은 꿈이 뭐예요?

화학과 12 안도현

악명 높은 수업?

화학과에는 정말 유명한 교수님이 한 분 있다. 얼마 전까지 최연소 테뉴어 기록을 보유하고 있던 불세출의 천재 이효철 교수님이다. 이효철 교수님은 카이스트 학부 출신으로 화학과 수석 졸업에 학부 전체 차석 졸업을 한 수재이다. 소문에 의하면 단 한 과목에서 B를 받은 것을 제외하고는 모든 과목에서 A⁺를 받았다고 한다. 그래서 교수님의 명언이 "살다가 B 맞을 수도 있지요."라고 한다.

사실 이효철 교수님이 이렇게까지 유명세를 떨치는 이유는 교수님만의 특별한 수업 방식 때문이다. 교수님은 작년 가을에 '물리화학2' 강의를 맡았다. 이효철 교수님의 수업은 굉장히 악명이 높은데 여기서 잠깐 교수님의 성적 채점 방식에 대해 언급하고 지나가겠다.

점수를 산출하는 방법에는 다른 수업과 같이 출석, 숙제 등을 포함하는 수업 참여 점수와 시험 점수를 이용한다. 다른 수업과 채점에 관한 가장 큰 차이는 수업 참여 점수의 만점을 1점으로 두어 중간고사와 기말고사 점수를 합산한 점수와 곱해서 최종 성적에 반영되는 점수를 낸다는 것이다. 그 수식은 아래와 같다.

$$총\ 점수 = A \times Max[\frac{A}{100}, B]$$

A는 기말고사와 중간고사의 점수를 합산한 것이다. 이 점수는 100점 만점으로 산출된다. B는 출석 점수를 합산한 것으로 1점 만점으로 산출된다. 위의 수식이 의미하는 것은 A와 B 중에 더 높은 점수의 만점을 1로 둔 것과 시험 점수를 곱하여 최종 점수가 된다는 것이다. 하지만 그전 해에는 Max항이 존재하지 않고 그냥 A×B로 성적을 산출했다고 한다. 그런데 이 경우에는 만약에 출결을 전체 강의의 70%만 했다면, 시험 성적이 90점이어도 최종 성적에 반영되는 점수는 63점이 되는 것이다. 이렇게 되면 시험 성적이 70점이고 100퍼센트 출석한 학생보다 더 낮은 점수를 받게 된다. 이러한 점수 산출 방식은 숫자 놀이에 민감한 카이스트에서는 엄청나게 파격적인 제안이다. 어느 누구도 섣불리 중간고사와 기말고사 결과에 과목의 회생을 걸고 싶어 하지 않았다.

가장 충격적인 것은 수업 참여 점수를 매기는 방식이었다. 이 악명 높은 물리화학2 수업은 일주일에 두 번 오전 9시에 시작했다. 매시간

9시 정각이 되기 전까지 숙제를 제출한 사람만이 그날 출석 점수를 전부 가져갈 수 있다. 1분이라도 늦은 사람은 그날 숙제 점수에서 절반이 깎인다. 숙제가 어려운 것은 아니다. 그날 수업에서 배울 내용을 책에서 요약하고 전 수업 시간에 했던 수업 내용에 대한 문제를 풀어 오는 것이다. 이걸 다 했어도 1분이라도 늦으면 점수가 절반이 깎이고 만약에 늦잠을 자서 제출하지 못한다면 말짱 도루묵이 되는 것이다.

사실 숙제 자체가 고된 것은 아니었다. 9시 정각이 되기 전에 엉덩이를 의자에 붙이고 앉아 있는 것이 가장 힘들었다. 그리고 출석 점수가 더해지는 것이 아니라 곱해진다는 이유 하나 때문에 나와 내 동기들은 정말 숙제를 안 한다는 것은 있을 수 없다는 생각으로 매시간 억척스럽게 숙제를 제출했다.

하지만 아무리 곱셈의 압박이 기다리고 있더라도 사람 일이라는 건 모를 일이었다. 거기다 평균 기상 시간이 오전 10시인 대학생들에게는 너무 가혹한 처사가 아닐 수 없었다. 그래서 교수님은 수업 시간에 위트 있는 질문을 던지는 학생에게 참여 쿠폰을 발행해 줬다. 이 쿠폰은 출결 점수를 0.01점 올려 주는 쿠폰이었다. 총 숙제의 개수는 스무 개였는데 숙제 하나를 지각으로 늦게 내면 0.025점이 깎이는 것이다. 그러니까 질문 쿠폰 두 장이면 실수를 만회할 수 있었다.

교수님은 괜히 저 자리에 있는 것이 아니었다. 어쩜 그렇게도 공부하기 싫어하는 학생들을 예습, 복습에 강의까지 열심히 듣도록 만들 수 있을까.

교수님의 반전

교수님은 강의를 정말로 잘했다. 나는 정말로 물리화학을 못하고 싫어하는 학생이었지만 강제성 짙은 예습과 복습으로 어떻게든 그 과목을 조금씩 이해할 수 있게 되었다. 나는 한 학기 동안 숙제와 시험에 시달리면서도 조금씩 이 과목에 재미를 붙이기 시작했다. 이건 교수님이 학부생들에게 신경을 많이 썼기 때문에 가능한 일이었다. 매시간 직접 숙제를 내고 서머리 범위도 직접 책을 뒤적여 지정해 주고 항상 9시가 되기 전에 강의실에 먼저 와서 지각생들을 감시했다. 강의도 항상 열정적으로 준비해 오고 학부생들의 질문에 모두 대답해 줬다. 그래서인지 학생들의 참여가 그렇게 활발한 수업은 본 적이 없었다.

다시 한 번 말하지만 나는 정말로 물리화학이라는 과목에 조금의 관심조차 없었다. 오히려 싫어하는 쪽에 가까웠다. 그런데도 불구하고 교수님이 계속 강의를 듣는 모두에게 잘했다고 칭찬해 주고 격려해 주니 없던 관심이 조금씩 생기게 되었다. 수업 시간마다 교수님은 "학생들이 물리화학을 잘해 줘서 정말 좋아요."라고 말했다. 찔려서라도 더 열심히 공부하게 되었다. 숙제도 이제는 더 이상 출결 점수 때문에 억지로 하는 것이 아니라 숙제를 해 가지 않으면 수업을 제대로 이해할 수 없기 때문에 꼭 해야 하는 것으로 생각이 바뀌었다.

다 잘하면 당연히 잘 줘야지 하는 거짓말을 다른 강의에서 너무 많이 들어서 시험에서 아는 문제가 나올 거라고는 믿지 않았다. 그런데 교수님은 시험도 책 본문과 숙제 문제에서 모두 그대로 내고 모두 시험을 잘 보면 다 성적을 잘 줄 거라고 했다. 물론 평균은 수강생이 모두 같이 스무 개의 숙제를 그렇게 했기 때문에 만점과 거의 차이가 나지 않았다. 모두들 상대적 박탈감에 실망하고 있었다. 우리는 모두 상대평가에 익숙해져 있어 "당연히 잘 줘야지."를 믿지 않았기 때문이다. 그런데 물리화학 2 성적은 절대평가를 기준으로 매겨졌다. 그리고 진짜로 최종 성적이 나온 후에 수강생들 전체 성적을 한 단계 올려 줬다.

화학과에서 신입생 환영회를 하면서 새로 화학과에 들어온 학생들과 교수님들이 함께 식사를 할 수 있는 자리가 마련된 적이 있었다. 어쩌다 이효철 교수님과 같은 테이블에 앉을 기회가 생겼다. 교수님은 계속 우리에게 과에서 뭐 해 줄 건 없냐고 물어봤다. 그래서 과방에 필기구나 스테이플러, 자 같은 간단한 필기구들을 비치해 주면 정말 감사하겠다고 말씀드렸더니 바로 다음날에 과방에 문방사우가 생겼다. 감동이 물밀듯이 밀려왔다.

이때 다른 친구는 교수님한테 강의는 정말 좋았지만 숙제를 하느라 다음 날 9시 수업에 오는 게 너무 부담스러웠다고, 강의 시간을 조금만 늦춰 주신다면 수업 시간에 더 집중해서 들을 수 있을 거라고 말했다. 올 가을 학기에 개강된 과목을 보니 물리화학2는 오전 10시 반으로 조용히 이사를 갔다.

그뿐만이 아니다. 기말고사를 보기 전에 복사실에 전년도 시험지가 없어서 조교님한테 혹시 작년 시험지를 올려 줄 수 있냐고 물어봤다가 교수님이 허락하지 않으셨다고 퇴짜를 맞았다. 그래서 교수님한테 직접 시험지를 올려 주십사 메일을 보냈던 적이 있다. 개인적으로 존경하는 교수님이었기 때문에 메일을 보내면서 그렇게 긴장했던 적이 없다. 그런데 다음 날 알았다는 답장과 함께 과목 홈페이지에 기말고사 시험지가 올라왔다. 정말, 이런 교수님이 계시다니. 다른 그 무엇보다 우리에게 쏟아 주는 관심이 정말 감사했다. 이런 교수님이 그 불세출의 천재였다니.

나의 꿈은 무엇일까?

나는 정말로 꿈이 없는 사람이었다. 어쩌다 보니 과학고등학교에 진학했고 어쩌다 보니 카이스트 학생이 되어 있었다. 그래서 막연히 과학자가 되겠지 하는 생각만 하고 있다. 그래서 나는 롤 모델이 없다. 책속의 위대한 사람들은 나랑 너무나 멀고도 멀어서 전혀 공감이 되지 않는다. 공부할 때도 계획을 너무 멀리 잡아 놓으면 망하기 때문에 롤 모델이란 것이 왜 필요한지 전혀 알 수가 없었다.

그런데 스무 살이 되고 주위를 둘러보니 멀게만 느껴지던 사람들이 내 주위에 참 많은 것을 알 수 있었다. 공부가 가장 재미있어서 세 과를 복수전공하고도 어마어마한 학점으로 졸업한 선배, 동아리 연습부장을 하면서도 학점은 한 번도 4.0 아래로 떨어진 적이 없던 선배, 1학년 때 전공과목을 듣고 선배들을 따라갔던 동기, 잘 놀고 잘 먹고 잘 살면서도 신의 영역에 속해 있는 내 룸메이트……. 이런 주변 사람들을 보면 내가 과연 과학계에서 살아남을 만한 인재가 맞는지 불안한 게 사실이다.

'저런 사람들이 성공하는 거구나, 저런 사람들이 바로 미래에 교수가 될 사람들이구나.'

막연하게 할 수 있을 거라는 생각을 가지고 있었는데 현실의 벽은 점점 선명해지고 있었다. 나처럼 막연한 꿈(과학자가 되겠다고 생각한 게 꿈이 맞는다면 말이다.)만 가지고는 이 바닥에서 도저히 살아남을 수 없을 거라는 생각이 문득 들었다.

작년 물리화학2와 쌍벽을 이루었던 '유기화학2' 중간고사 전체 평균이 200점 만점에 84점이었다. 담당 교수님은 우리에게 벌컥 짜증을 냈다. 뭐든지 치열하게 할 줄을 알아야지, 어째서 너희 학번은 그렇게 노는 것도 제대로 못하고 공부도 제대로 못하느냐고 역정을 냈다. 나는 가슴이 덜컹했다. 마구 달리는 차가 갑자기 급정거하는 바람에 몸이 뒤로 확 쏠리는 것 같은 그런 느낌. 그래, 딱 내 모습이 그랬다.

얼마 전에 왜 그렇게 아등바등 사느냐는 소리를 들은 적이 있다. 매일같이 새벽에야 겨우 잠들고 종종 밤을 새우는 것을 이해하지 못하겠다는 말투였다. '아등바등'이라는 말의 어감에 나는 한순간 울컥 올라왔지만 어쩔 수 없이 수긍이 되어 되레 초라해졌다. 나는 그 정도로 몸을 고생시키면서도 내가 만족스러울 정도로 어떤 것이든 완성해 본 기

늦은 밤까지 불이 꺼지지 않는 카이스트.

억이 없다. 퀴즈를 풀기 위해서 교양 수업을 빼먹고 보고서를 제출하기 위해 서슴없이 수업 도중에 노트북을 켠다. 나는 치열하게 산 게 아니라 그야말로 아등바등 산 거였다.

나에겐 잔꾀만 남았고 재가 될 줄 몰랐다. 정말 아득할 정도로 먼 옛날 이후로 계속해서 결과에 목을 매며 살아왔다는 것을 깨달았다. 치열하게 사는 게 아니라 스스로를 괴롭히며 살아온 거다. 벌겋게 달아오른 실핏줄이 긴 눈을 뜨고 아등바등 뭘 하고 있는지도 모르는 채 불쌍하게 살아온 게 아닌가. 내가 예전에 가졌던 자신감과 확신은 이제 까마득해졌다. 철없을 때는 내가 과고까지 들어갔는데 도대체 못하고 살 게 뭐가 있나 싶기도 했다. 하겠다고 마음만 먹으면 그저 다 할 수 있을 줄로만 알았다. 아직 조그만 세상에서 맘껏 활개를 치고 돌아다닐 시절엔 세상이 밝아서 그런 줄도 모르고 말이다.

지금 내가 배우고 겪는 것이 내가 원하는 것은 아니더라도 어떻게 되었든 결론은 비교적 좋은 직장을 가지고 안정된 삶을 누리게 될 것이다. 하지만 이것을 엎기 위해 내가 동분서주한다고 해도 과연 달라지는 것이 있을까? 벗어나는 것이 그저 한 장 빼곡히 쓴 글을 삭제하고 처음부터 다시 적는 것처럼 간단한 일이면 얼마나 좋을까? 새로 가는 길이 저번보다 더 좋은 길이라는 장담은 없는 것이다. 이미 나는 삭막한 아스팔트를 의도하지 않게 걷고 있었기 때문에 아무리 예쁜 길이라도 선뜻 우거진 숲 안으로 발을 들여놓기가 어려운 것이다.

매일같이 밤을 새우고 그렇게 무수한 새벽을 맞으면서도 내가 뭘 해야 할지 아니, 심지어는 뭘 하고 있는지에 대한 생각조차 없다. 백화점 세일 때 아무 물건이나 마구 쓸어 담는 억척스런 아줌마처럼 나는 내 인생의 지갑에 그런 몹쓸 짓을 하고 있었나 보다.

조금 더 치열하게, 남들 눈에 보이는 것만 의식해서 챙기는 것 말고 정말로 내가 원하는 것, 그것은 무엇일까. 제발 내가 살아온 삶이 짧아 아직 모르는 거라고 누가 말이라도 해 줬으면 좋다. 온몸을 날려야 할 그 무언가가 어딘가에 있을까. 나도 그렇고 모두가 그렇다. 그래서 괜찮을 것이라는 알량한 정신 승리는 이제 그만두는 것이 좋겠다. 나는 낭비하는 청춘이 아까워지고 있고 시간이 무섭게 빠르다는 것도 안다. 지금은 모르더라도 가까운 미래에는 반드시 꽃피울 수 있기를 바라며 조금 더 치열하게 살 것이다.

어느덧 학부 3학년의 중반을 밟고 서 있는 내가 낯설다. 이제 1년 뒤면 나는 사회인이라는 명찰을 달고 이 학교를 떠나게 될 것이다. 지난 2년을 돌아보면 정말 아무것도 한 게 없다 싶다가도 깨알같이 많은 사건들이 내 주변에서 일어났고 잊혔다. 앞으로 이렇게 몇 년을 반복하다 보면 정말로 빼도 박도 못하는 어른이 되어 있겠지. 잃을 것이 더 많아지고 어깨가 정말로 무거워 아무것도 할 수 없어지기 전에, 내 앞에 있는 것을 그저 놓치기 싫어 아등바등 붙잡는 것으로는 아무것도 되지 않는다. 시작도 하기 전에 질겁하는 버릇부터 버리고 내게 주어진 일은 뭐든 치열하게 해야겠다. 더 이상 낭비하기엔 한 번뿐인 삶이 너무나 아깝다!

라이너스 폴링을 통해 배우는
과학자의 영원한 숙제, 직업윤리

바이오및뇌공학과 11 김혜원

세월호 사고, 나의 무신경함을 발견하다

2014년 4월 16일 오전 8시경, 나는 어느 날과 다름없이 숨 쉴 틈 없는 일정을 생각하며 하루를 시작하고 있었다. 카이스트에서 4년을 다니며 눈에 띄게 능숙해진 것은 진로에 대해 고민하며 세상의 소리에 귀를 닫고 내 삶에만 집중하는 태도였다. 수백 명의 소중한 생명들과 함께 가라앉은 세월호에 대한 소식을 점심식사가 거의 소화될 즈음에야 접한 것은 당연했다. 머리를 쇠망치로 한 대 맞은 기분이었다. 새롭게 시작되는 또 하루를 바쁘게 '살아 내야' 하는 것을 귀찮게 생각했던 그 순간, 차가운 바닷물 속에서 단 몇 분의 삶을 더 이어 가고자 애썼을 수많은 생명들을 생각하니 가슴이 아려 왔다. 온갖 범죄와 사건 사고로 뒤덮인 세상에 관심을 갖는 것은 괜한 스트레스를 가중시키는 것이라 여겨 무신경하게 지내 왔던 지극히 개인적인 내 삶의 방식에 소름이 끼쳤다.

사고 소식을 들은 이후 한동안 보지 않던 뉴스를 보기 시작했다. 몇 명이나 구출되었는지, 구조된 학생들은 괜찮은지, 도대체 왜 이렇게 큰 사고가 발생한 것인지 알기 위해 인터넷 뉴스를 지속적으로 보았다. 뉴스에서 나오는 피해자 가족들의 인터뷰를 마주하니 진도 팽목항의 울음소리가 여기까지 들려오는 것처럼 그 아픔이 너무 생생해 가족들의 인터뷰는 차마 볼 수 없었다. 사고가 발생한 후 보름이 지난 지금도 배 안에는 가족의 품으로 돌아오지 못한 사람들이 남아 있고, 전문가들은 여전히 큰 희생을 낳을 수밖에 없었던 원인을 밝히기 위해 논의하고 있다고 한다.

누구의 잘못일까?

전 국민에게 씻을 수 없는 마음의 상처를 남긴 것은 맹골수도를 처음 운행해 본 3등 항해사나 비상 사태에 능수능란하게 대처하지 않은 선원들의 잘못만은 아니라고 생각한다. 그들의 잘못을 결코 간과해서는 안 되지만 이 사고는 수많은 사람들의 이기심과 안일함에서 비롯된 것이다. 조타실에 있었어야 할 중요한 순간에 휴대폰 게임을 하고 승객들을 구조하기 이전에 자기만 살고 보자는 선장의 낮은 책임감, 안전 교육조차 제대로 시행하지 않고 이윤을 위해 무리하게 배를 증축한 선사의 태도, 일분일초가 급박한 상황에서 보고서부터 써야 하는 잘못된 사고 처리 시스템, 수많은 사람들을 신속하게 구조하지 못한 해경의 상황 대응력 부족, 천안함 사고 이후 만든 구조용 선박을 테스트조차 해 보지 않은 정부의 나태함…… 수많은 사람들의 책임감과 직업윤리의 결핍이 빚어 낸 결과였다.

정확한 원인은 더 조사를 해 봐야 알겠지만 순식간에 200명이 넘는 사람의 목숨을 빼앗아 간 이번 사건은 불가항력적인 천재지변이 아니라 인재라는 것을 그 누구도 반박할 수 없을 것이다. 어떤 한 사람의 잘못으로 발생한 사고가 아니라 수많은 사람들의 잘못이 빼곡하게 쌓여 생긴 결과라는 사실이 마음을 더 아프게 한다. 이번 사고를 통해 가장 크게 깨달은 것은 각자의 자리에서 당연히 지켜야 하지만 우리 모두가 간과하고 있는 직업윤리가 얼마나 중요한가이다. 위험한 실험 도구를 다루는 연구에 관심이 있는 카이스트 학생이라면 항상 위험에 노출되어 있는 삶을 살아야 하기 때문에 직업윤리의 준수가 필요하며, 자신의 연구 결과가 이 세상에 큰 영향력을 행사하는 삶을 살고 싶은 미래의 과학자들이라면 직업윤리란 더더욱 지켜야 하는 핵심적인 가치이다. 이 글에서 소개하고자 하는 사람은 그 누구보다도 직업윤리에 충실했던 한 과학자이다.

라이너스 칼 폴링, 당대 최고의 화학자

기본적인 직업윤리를 지키는 것은 물론 과학자로서 할 수 있는 최대한의 양심을 실현한 사람, 그의 이름은 라이너스 칼 폴링이다. 라이너스 폴링은 원자와 원자가 만나 이루는 결합을 물리화학적으로 설명하

라이너스 폴링.

여 그 공로를 인정받고 1954년에 화학 분야의 노벨상을 수상한 과학자였다. 그의 일대기를 간략히 설명하면서 그의 발자취를 돌아보고자 한다.

라이너스 폴링은 오리건 농업대학을 졸업한 후 1925년 캘리포니아 공과대학에서 박사 학위를 받으며 본격적으로 화학자로서의 삶을 시작했다. 그는 박사 학위를 받은 후 유럽으로 가서 물리학계에서 크게 대두되고 있던 양자역학적 접근 방법을 터득했고 이를 통해 원자들 사이의 화학 결합을 설명하기 위해 노력했다. 1927년 미국으로 돌아온 폴링은 1930년대에 에르빈 슈뢰딩거(Erwin Schrödinger)의 파동역학과 X선 결정학을 통해 화학 결합의 본질을 규명하는 일련의 논문을 발표했다. 특히 분자 구조를 증명하기 위해 수학적 논리를 사용하지 않는 자신만의 독특한 접근 방식을 통해 화학계에서 두각을 나타내기 시작했다. 앞서 언급한 대로 그는 '화학 결합의 본질에 대한 연구와 이를 복잡한 물질의 구조 규명에 적용한' 공로를 인정받아 1954년에 노벨화학상을 받았다. 누가 봐도 그는 당대 최고의 화학자로서 자리를 굳건히 지키고 있었다. 과학자로서 그의 인생은 다른 누구보다도 화려했으며 자신이 이룬 것을 충분히 누리기만 해도 되었다. 그러나 이후 그의 인생은 노벨상을 받은 수많은 과학자들과는 분명히 달랐다.

평화 운동가의 길을 걷다

제2차 세계대전 당시 미국은 전쟁을 종결시키기 위해 핵무기를 개발하는 '맨해튼 프로젝트'를 진행했다. 이후 완성된 핵무기로 전쟁을 끝냈지만 핵무기의 무서움을 깨달은 사람들이 반핵 운동을 시작하게 되었다. 라이너스 폴링은 제2차 세계대전 직후 아인슈타인이 의장으로 있었던 '핵과학자 비상위원회(Emergency Comitte of Atomic Scientists)'에 가입하여 전쟁 반대와 핵무기의 위협이 공존하는 미래를 경계했다. 노벨상을 받은 후 그 명성과 부를 축적해 나가기만 하면 되는 시기에 그는 자신이 과학자로서 해야 할 역할을 수행하기 위해 평화 운동가로서의 삶을 시작했다.

이러한 폴링의 평화 활동은 1954년 미국의 수소 폭탄 실험 이후 새로운 국면에 접어들었다. 특히 낙진의 위험에 대해 우려했던 그는 1957년 미국을 비롯한 전 세계 과학자들에게 핵실험 중지를 지지해 달라고 요청하는 서한을 발송했고 불과 몇 달 만에 9,000명이 넘는 과학자들의 서명을 모아 추가 핵실험 중지를 요구하는 청원서를 유엔 사무총장에게 제출하는 행동력을 보였다. 또 원

반핵 운동을 하며 라이너스 폴링이 케네디 대통령에게 보낸 편지.

자력 위원회(AEC)에 대한 소송 제기와 「워싱턴포스트(The Washington Post)」 광고 게재 등 가능한 한 모든 수단을 동원했는데 심지어 1961년 노벨상 수상자들을 위해 케네디 대통령이 마련한 백악관 만찬에 참석한 전날에도 백악관 앞에서 "케네디 씨, 우리는 핵실험을 할 권리가 없습니다." 라는 피켓을 들고 시위를 했다.

실천하는 지식인

폴링의 소신 있는 활동에 큰 대가가 따른 것은 당연한 일이었다. 1950년대 매카시즘 광풍 속에서 많은 동료 과학자를 포함한 상당수 미국인들이 폴링은 공산주의자거나 소련의 앞잡이 역할을 하고 있다 생각했고 정치 활동을 그만두라는 칼텍 당국의 압력도 만만치 않았다. FBI는 폴링의 일거수일투족을 감시했으며 국무성은 해외여행에 필요한 그의 여권을 취소했다. 또한 상원 의회는 폴링을 청문회에 출석시켜 반미국적 행위에 대해 캐묻는 등 갖은 고초를 겪기도 했다. 그러나 그는 이 모든 압력에 저항하며 소신을 지키는 용기를 보여 주었고 그의 헌신적 노력이 열매를 맺어 1963년 미국과 소련 사이에 부분적 핵실험 금지 조약(Patial Test Ban Treaty, 대기 중·바닷속·우주 공간에서의 핵실험을 금지하고 오직 지하 핵실험만을 허용하는 조약)이 체결되었다. 이 조약을 체결하는 데 큰 공헌을 한 것을 인정받은 폴링은 1963년 노벨평화상을 수상했다. 노벨상을 단독으로 두 번이나 수상한 역사상 유일한 인물이 된 것이다.

폴링의 역동적이고 극적인 생애는 오늘날 우리에게 많은 의미를 준다. 그는 노벨상을 받은 엘리트 과학자임에도 불구하고 개인의 안위에만 그치지 않고 자신의 지위를 바탕으로 궁극적 가치를 추구하며 전쟁 중단과 핵무기 철폐를 위해 쉼 없이 달린 실천하는 지식인이었다. 이런 그가 자신의 실험과 연구에서 양심을 지키고 윤리적인 가치를 추구한 것은 당연한 일이었을 것이다.

한 걸음씩 시작하기

사람들은 그를 20세기 가장 위대한 화학자이자 두 번이나 노벨상을 받은 성공한 과학자라고 칭송한다. 우리가 여기에서 주목해야 할 것은 그의 연구 능력뿐만 아니라 지식인으로서 궁극적인 가치를 추구하며 그 누구보다 실천적 삶을 살았다는 점이다. 우리 또한 폴링처럼 행동력과 올바른 가치 판단력을 가지고 다음 세대에게 물려줄 아름답고 안전한 세상을 위해 자주적인 판단에 근거한 정당한 목소리를 내는 일을 게을리해서는 안 될 것이다.

하지만 1980년대 우리의 부모 세대가 지금 딱 우리 나이 즈음에 목소리 높여 민주화를 외쳤던 그때만큼 여전히 부조리하고 비상식적인 사회에서 충분히 머리가 큰 대학생들의 목소리가 점차 줄어드는 이유는 그때보다 더 심각해진 청년 실업과 더 치열해진 경쟁 사회로 급변하고 있기 때문이 아닐까 싶다. 또한 노벨화학상을 받음으로써 어느 정도 권력을 행사할 수 있었던 라이너스 폴링과 달리 아직 우리가 할 수 있는 일은 많지 않다.

따라서 우리가 그의 인생에서 본받아 실천할 수 있는 것은 각자의 위치에서 자기에게 주어진 작은 일까지도 윤리의식을 버리지 않고 부조리와 비양심적인 일들에 저항하는 용기를 갖는 것이다. 대단한 일 같지만 사실 이 모든 것은 과제 표절하지 않기, 시험 때 부정행위 하지 않기, 어려운 사람 돕기 등 양심적 가치로부터 시작할 수 있다.

직업윤리에서 시작되는 튼튼한 사회

카이스트 학생들은 '윤리 및 안전'이라는 과목을 이수해야만 졸업이 가능하다. 이 과목은 미래의 과학 기술을 이끌어 갈 학생들에게 반드시 필요하다. 하지만 이론으로 접하는 것과 직업윤리를 저버리면 얻을 수 있는 크고 작은 대가에 대한 유혹을 직접 겪으며 이겨 내는 것은 다른 문제라는 것을 아직 학부생인 입장에서도 충분히 알 수 있다. 연구실 대내외적으로 발생하는 알력, 절대적인 자본의 힘과 그로 인해 발생하는 갈등, 실패의 반복 가운데 드러나는 인간의 한계와 그것이 초래하는 데이터 조작의 유혹 등 이 모든 상황은, 쉽게 치유할 수 없는 상처를 가진 이 사회의 모습과 크게 다르지 않다.

앞으로 우리는 살아가면서 윤리의식의 나태함 그리고 편안함과 익숙함의 모습으로 다가오는 수많은 유혹에 부딪힐 것이다. 완벽하지 못한 상황과 완전하지 않은 인간이 만나는 순간마다 우리는 '양심에 난 털 하나 정도는 괜찮지 않을까? 하는 생각을 갖게 될지도 모른다. 그럼에도 불구하고 우리가 직업윤리를 지켜야 하는 이유는 대충 쌓아 올린 돌덩이 하나로 인해 돌탑 전체가 위험해질 수 있기 때문이고, 무너진 돌탑 하나에 많은 생명들이 다칠 수도 있다는 중요한 사실 때문이다.

머지않은 미래에 과학자가 될 우리가 지금부터 해야 할 일은 타성에 젖어드는 것에 대한 경계와 석수(石手)의 자세로 신중하고 날카롭게 돌 하나하나를 쌓아 가는 연습이다.

제2부
과학도의 길, 카이스트의 길

EWB-KAIST에서 진정한 공학도의 모습을 발견하다

생명과학과 11 정유선

콸콸콸콸.

네팔의 한 산간 지역에 설치한 '급수 펌핑 시스템'이 드디어 작동되는 소리를 듣고 EWB-KAIST 단원 모두는 서로 얼싸안고 기쁨을 감추지 못했다. EWB-KAIST 지도 교수님인 기계공학과 송태호 교수님마저 처음으로 크리스마스 선물을 받은 아이처럼 활짝 웃으며 기뻐했다. "드디어 물이 나온다!"라고 떨리는 목소리로 외치던 모습이 아직도 생생하다. EWB-KAIST는 '국경 없는 공학자회 카이스트 지부(Engineers Without Borders-KAIST)'의 줄임 말로, 기술의 혜택이 필요한 저개발국의 기술 개발 및 지원을 목표로 비영리 활동을 수행하는 단체이다. 내가 카이스트에 입학한 후 지금까지 활동하고 있는 단체이기도 하다.

우리 단체는 매년 몇 가지 프로젝트를 진행하는데 이 급수 펌핑 시스템은 2012년부터 2014년 겨울까지 진행되었던 장기 프로젝트였다. 히말라야 해발 3,300미터에 있는 모하레 단다(Mohare Danda) 지역에서는 식수 및 생활용수를 얻기 위해 마을 주민들이 매일 물 35리터를 직접 들고 400미터의 거리를 몇 번이나 왕복해야 하는 실정이다. 산세도 매우 험하고 효율도 많이 떨어지는 이 일에 학생들이 동원되면서 교육의 기회를 놓치고 있다는 것이 문제이기도 했다. 그래서 생각해 낸 방안이 급수 펌핑 시스템이었다.

간단히 설명하자면, 이 시스템은 태양광 에너지를 이용해서 만든 전력으로 수원지와 파이프를 연결해 물을 펌핑하여 운반하는 시스템이다. 2012년 EWB-KAIST 급수 펌핑 팀은 펌프 설치를 시도했지만 갑작스런 기상 악화와 사전 조사 부족으로 실패했다. 하지만 여기서 포기하지 않고 여러 번의 시도를 통해 2014년이 되어서야 펌프를 설치한 후, 파이프를 매설하고 겨울에 동파되지 않도록 보호 상자를 만드는 등 물 공급을 위한 전체적인 인프라를 구축하고 돌아왔다. 2년간 우여곡절이 많았던 프로젝트이기에 우리 단원들은 모두 기뻐하지 않을 수 없었다. EWB-KAIST는 몇 년간 이러한 급수 펌핑 시스템 외에 다양한 프로젝트를 통하여 네팔 산간 지역 마을 거주민들의 삶에 필요한 기술적 도움을 주고 있다.

우리는 폭 넓은 시야를 가져야 한다

이 단체에서 일을 하게 된 지 어느덧 2년이 흘렀다. 이곳에서 활동하면서 참 많은 생각을 하게 되었는데 그중 하나는 현대 공학을 배우는 우리의 한정된 목표 의식에 대한 고찰이었다. 지금 우리나라에서의 현대 공학은 무엇이든 새로운 것을 개발하거나 기존의 것에서 더 발전된 신기술을 만드는 것에 그치고 있다. 그래서 공학을 공부하는 카이스트의 많은 학생들은 장래 희망을 'OO 대기업 연구원'이라고 말하며 혁신적인 기술을 발굴하는 자신의 모습을 그리곤 한다. 하지만 이러한 꿈만을 가지고 공부하는 것이 올바른 공학도의 모습이라고 할 수 있을까?

나는 EWB-KAIST에서 활동하면서 아무리 작고 심플한 기술이라 해도 특정한 대상들에게는 큰 도움이 될 수 있다는 사실을 깨닫게 되었다. EWB-KAIST에서 실행하는 여러 프로젝트 중 '소형 수력 발전기'를 만드는 팀이 있다. 전기가 많이 부족한 마을에 가서 근처 냇가에 조그만 수력 발전기를 설치하고 학교와 여관에 전력을 공급하도록 돕는 팀

발전기를 설치한 후, 전기로 무선 인터넷 사용이 가능해지자 기뻐하는 단원들.

이다. 풍족하지 않은 전력이지만 그들이 공급한 전력으로 와이파이 기계가 켜지자 팀원들과 주민 모두 함박웃음을 지으며 기뻐했다. 웅장하고 거대한 기술은 아니지만 주민들의 기쁨에 EWB-KAIST 단원들 모두 큰 뿌듯함과 행복을 가지고 돌아올 수 있었다.

상류층과 중산층을 위한 획기적인 기술도 중요하다. 그러나 간단하고 기본적인 기술은 더욱 무시할 수 없다는 것을 깨달아야 한다. 우리는 조금은 겸손해질 필요가 있다. 또한 우리는 미래의 공학도로서 화려한 기술 개발에만 관심을 가질 것이 아니라 심플한 기술이라도 발전할 방법을 찾는 폭 넓은 시야를 가져야 한다.

우리는 인간을 위한 기술을 개발해야 한다

EWB-KAIST에서 활동하면서 가장 좋았던 것은 우리가 진행하는 모든 프로젝트는 오로지 '인간'을 위한 기술을 개발을 한다는 점이다. 프로젝트 모두 네팔 산간 지역 마을 사람들이 필요로 하는 기술들을 전달하여 삶의 질 향상을 목표로 진행되고 있다. 이렇게 미래의 공학도는 혁신적인 기술을 원하기 전에, 모든 기술들의 최종 목표가 인류의 삶의 질 향상에 있다는 것을 깨달아야 한다.

역사적으로 세계대전 이후, 인간이 이용하기 쉽고 삶을 편리하도록 하기 위해 생산·교통·건설·항해 등에 관한 기술이 크게 성장하였다. 우리는 이를 '민간 공학'이라고 칭하게 되었다. 그렇다면 현재 우리는 과연 사람을 위한 기술을 제공하고 있을까? 신기술, 최첨단 기술이라고 해서 인간 지향적인 기술이 아니라고 할 수는 없다. 하지만 어느 순간부터 기술이 사람보다 앞서기 시작했다. 기술이 인간을 위해 만들어지는 것이 아니라 인간이 기술에 끌려 살아가는 현상이 보이기 시작했다.

스마트폰을 예로 들어 보자. 스마트폰은 사람들에게 언제 어디서나 친구 혹은 가족들과 대화를 할 수 있다는 점과 정보를 찾을 수 있다는 점 그리고 다양한 콘텐츠를 제공한다는 점에서 큰 편리함을 주고 있다. 하지만 요즘 사람들은 스마트폰을 불필요하게 자주 바꾸고 스마트폰 중독에 걸리는 등 기술에 끌려다니는 모습을 볼 수 있다. 그리고 이러한 사람의 심리를 악용하는 상황도 종종 일어나고 있다. 공학도는 한 번쯤 스스로 어디까지가 과하지 않은 기술인지 물음을 던지고 고민해 보아야 한다. 그리고 인간을 이용하는 기술을 개발할 것이 아니라 인간을 '위한' 기술을 개발하여야 한다고 끊임없이 자신에게 상기시켜야 할 것이다.

우리는 먼저 소비자와 환경에 대해 공부해야 한다

내가 EWB-KAIST에서 배운 또 다른 중요한 것은 공학도는 기술을 개발하기 전에 제일 먼저 그 기술을 쓰는 사람들에 대해 공부해야 한다는 것이다. 2014년 2월 EWB-KAIST가 네팔 산간 지역에 방문하기 전, 먼저 주민들에게 필요한 물품 리스트를 조사했다. 종이를 올바른 사이즈로 가지런하게 자르는 것이 불편하다는 이야기를 듣고 우리는 우리나라 시중에서 판매하고 있는 최상급 품질의 종이 절단기를 가지고 갔다. 무거운 절단기를 어렵게 네팔 산간 지역까지 가져갔지만 주민들은 몇 번써 보더니 다시 그들의 방식대로 종이를 잘랐다. 주민들은 여기저기 옮

단원과 주민들이 힘을 합쳐 파이프를 설치하고 있다.

겨 다니며 쓸 수 있는 간단한 절단기를 원했지만 우리가 가져간 절단기는 너무 무겁고 커서 운반이 용이하지 못했기 때문이다. 또 급수 펌핑 프로젝트 같은 경우, 네팔 지역 주민들이 사는 환경을 고려하지 않고 디자인해서 현지에서 직접 설치하는 데 애를 먹었다. 추운 날씨 때문에 파이프가 얼어 제대로 작동되지 않았던 것이다. 결국 프로젝트는 장기화되었고 여러 시도를 통해서야 가까스로 완성이 되었다.

마케팅에서 제일 중요한 요소는 구매자를 이해하고 오직 구매자를 위해서 제품을 만드는 것이다. 공학도 그래야 한다. 공학 역시 기술을 공급받는 소비자와 그들이 거주하는 환경을 이해하고 공부하여 그에 걸맞은 기술을 제공하는 것이 중요하다. 소비자들이 필요한 기술 그리고 그들의 환경에 적절한 기술을 제공하는 것이 공학도의 첫 걸음이다.

우리는 결과보다 과정에서 배움을 얻어야 한다

마지막으로 내가 배운 것은 공학도는 결과보다는 과정에 의미를 두고 배움을 얻어야 한다는 것이다. EWB-KAIST를 지도하는 송태호 교수님은 항상 우리에게 결과에 욕심을 바라지 말라고 당부했다. 대부분의 EWB-KAIST 학생들이 프로젝트를 진행하게 되면 프로젝트의 성공에 대한 큰 기대감을 가지고 들뜬 마음으로 네팔을 방문하게 된다. 하지만 실패할 가능성은 충분히 있다. 1년에 한 번 방문하는 네팔이기에 현지 조사가 제대로 이루어져 있지 않고 혹여나 현지 조사가 되어 있다고 해도 1년 동안 어떻게 바뀌었을지 제대로 알 수 없기 때문이다. 위에서 말했듯이 급수 펌핑 프로젝트처럼 말이다. 그래서 교수님은 성과보다는 그 과정에서 뿌듯함을 얻으라고 말씀하곤 했다. 그리고 대학원생과 대학생이 한자리에 모여서 서로 머리를 맞대고 한 프로젝트를 함께 구상하고 직접 진행하는 경험은 우리가 생각하는 것보다 훨씬 더 값진 일이라고도 했다.

EWB-KAIST에서 활동하다 보면 송태호 교수님뿐만 아니라 구성원들 간에도 배울 점이 많다. 단체 특성상 이러한 봉사 활동을 자기 일처럼 즐겨 하는 학우들이 많이 들어오게 된다. 봉사 활동이란 그들에게 '내가 좋아하는 일'이었다. 그들은 빤한 봉사 단체들과는 다른 EWB-KAIST의 색다른 매력에 빠져 가입하게 된다. 그것은 '내가 쌓은 지식과 능력'으로 '내가 좋아하는 일'을 할 수 있다는 것이다. 대부분의 봉사 단체와 달리 EWB-KAIST는 카이스트 학우들의 공학 지식을 배경으로 진행되기 때문에 이들에게는 끌리지 않을 수가 없는 단체인 것이다. 우리 모임은 공통적으로 하나의 꿈을 가지고 있다. "공학을 이용하여 세상을 밝히자."이다. 이러한 공통적인 생각을 바탕으로 우리는 끊임없이 서로 아이디어를 나누고 토론하는 과정에서 많은 것을 배우고 얻는다.

사실 학기 중 학업을 병행하며 프로젝트를 진행하다 보면 벅찰 때도 있다. 요즘에는 맡은 일이 많아지면서 일주일에 여섯 시간 이상 EWB-KAIST 일로 시간을 보내기도 한다. 그 외에도 부회장으로서 그리고 팀장으로서 피할 수 없는 막중한 책임감이 나를 짓누르기도 한다. 하지만 이러한 시간은 나를 더 성장시키고 강하게 만들어 준다는 것을 알기에 끝까지 최선을 다할 생각이다.

이처럼 EWB-KAIST는 나에게 많은 영향을 주었다. 예전에는 단 한 번도 공학이나 과학에 대해 심오하게 고찰해 볼 기회가 없었을 뿐더러, 나 자신조차 내가 무엇을 하고 싶어 하고 무엇을 잘하는지에 대해 고민해 보지 않았다. 그러나 지금은 EWB-KAIST에서 얻은 경험을 통해 나 자신을 돌아보는 시간을 갖게 되었고, 다시 한 번 나의 꿈 그리고 대의

EWB-KAIST 단원들의 단체 사진.

를 뚜렷하게 세울 수 있었다. 그리고 이러한 활동을 통해 값진 경험을 쌓아 가면서 내가 공부하는 학문에 대해 더욱 자긍심도 느끼게 되었다. 난 이 학문을 배움으로써 사회 발전에 도움이 되는 일을 하게 될 거라고 믿어 의심치 않는다. 아직까지도 난 진정한 공학도가 무엇인지 정확한 정의를 내릴 수 없다. 하지만 EWB-KAIST를 통해 진정한 공학도가 고민해 봐야 할 점들과 그들이 가져야 할 올바른 자세를 조금이나마 느낄 수 있었다.

열정이 가득한 사람들

화학과 12 이지민

사실 과학자가 되고 싶다는 생각을 언제 처음 했는지 기억이 나지 않는다. 중학교 1학년 때 '자연 관찰 탐구 대회'를 준비하면서였던 것 같기도 하고, 고등학교 3학년 때 진로 고민을 하면서였던 것 같기도 하다. 과학 수업을 재미있게 해 주는 선생님들도 있었고 때때로 유명한 과학 분야 인사가 학교에 와서 강연을 한 적도 있었지만 딱히 어떤 특별한 계기가 된 경험은 없었다. 단지 과학이라는 과목을 한 번도 싫어한 적이 없었고 흥미롭게 공부를 하다 보니 어느새 카이스트에 입학해 과학자로서의 길에 발을 디디고 있었다.

그래서 롤 모델이 된 과학자나 과학자의 꿈을 일깨워 준 존경하는 인물이 딱히 떠오르지는 않는다. 그저 유명한 사람들의 이야기를 듣고 '우아! 멋있다. 나도 저런 분야를 공부해 보면 어떨까?' 하는 생각만 했을 뿐 '아! 저거다.'라는 식의 반응을 보인 기억은 없다. 또 그런 사람들을 보았을 때 그저 멀게만 느껴졌다. 그런데 카이스트에 진학해서 생활하다 보니 주변에 열정이 가득한 학우들이 많이 보였다. 뚜렷한 목표 의식을 가지고 있는 사람들도 많고 그 꿈을 향해 하나씩 준비해 나가는 사람들도 있었다. 그 사람들을 보면서 나 또한 나의 꿈이 무엇인지, 만약 과학자가 된다면 과학자로서 어떤 삶을 살고 싶은지 생각해 볼 수 있었다.

별바라기 사람들과 룸메이트에게 배우다

멀리 볼 것도 없이 내가 속해 있는 동아리 선배, 동료, 후배들만 봐도 과학과 꿈에 대한 열정을 느낄 수 있었다. 학교에 입학하고 난 뒤 동아리를 선택할 때였다. 그때 천체 관측 및 천체 사진 촬영 동아리인 '별바라기'를 알게 되었다. 어릴 때부터 별을 보는 것은 정말 낭만적이라고 생각했다. 디즈니의 애니메이션 영화 〈라이온 킹〉을 보면 이런 장면이 하나 등장한다. 주인공 심바와 품바, 티몬이 잔디밭에 나란히 누워 밤하늘의 별을 쳐다보면서 이야기를 나누는 장면이 있다. 풀은 바람에 흔들리고 맑은 밤하늘에 별들이 에쁘게 박혀 있는 그 장면이 정말 인상 깊었다. 나도 저렇게 밤하늘을 보고 싶다고 항상 꿈꿔 왔고 그래서 대학에 들어와서 천체 관측 동아리를 보고 꼭 들어가야겠다고 마음먹었다.

그런데 '별바라기'는 내가 생각했던 것처럼 그냥 누워서 별을 보기만 하는 곳이 아니었다. 망원경 같은 장비로 천체를 관측하는 곳이었다. 각종 천체 현상이 일어나는 날짜에 맞춰 관측도 하고 사진도 찍었다. 과학고등학교를 졸업하지도 않았거니와 지구과학 과목은 고등학교 1학년 공통과학 이후 배운 적이 없는 나로서는 망원경으로 천체를 관측하기는커녕 망원경을 설치하는 것부터가 큰일이었다. 단순히 망원경을 삼각대에 올리고 고정하면 끝이겠지 라고 생각한 건 큰 오산이었다. 수평도 잡아야 하고 설치도 뚝딱뚝딱 되는 것이 아니라 순서대로 정확하게 해야 했다. 삼각대의 수평을 잡고 그 위에 가대를 올리고 또 그 위에 경통을 올려야 기본 구조가 완성되었다. 경통을 가대 위에 올리고 나서 해야 할 일도 한두 가지가 아니었다. 관측하고 싶은 천체를 찾아야 하고 그 순서나 방법도 망원경의 종류별로 조금씩 달랐다. 별을 보는 게 생각만큼 단순하지 않다는 생각이 들었다. 단순하지 않다고 생각하니 어렵다고 느꼈고 어렵다고 생각하니 왠지 하기 싫어졌다.

천체 사진도 DSLR로 서터를 누른다고 되는 것이 아니었다. 찍는 방식도 여러 가지인 데다가 시간도 굉장히 오래 걸렸다. 천체 관측은 대부분 춥고 맑은 밤에 하기 좋아서 한 번 천체 관측을 하면 밤 12시부터 새벽까지 하는 것이 기본이었다. 관측을 하면서는 잘 움직이지 않기 때문에 기온이 많이 떨어지는 밤에는 아무리 따뜻하게 입어도 매우 추웠다. 그리고 사진 또한 금방 찍히는 것이 아니고 카메라의 설정을 바꿔야 했다. 동아리원들은 이 기법을 배우고 서로 가르쳐 줄 뿐만 아니라 사진 한 장을 찍기 위해 다음 날의 피로를 감수하고 추운 밤에 고생하면서 작업을 했다. 그 열정이 정말 대단하게 느껴졌다.

수요일에는 세미나가 열린다. 동아리원들끼리 하는 작은 세미나지만 내용은 결코 만만치 않다. 매번 다른 주제, 다른 발표자로 세미나가 열리다 보니 할 때마다 새롭게 다가온다. 평소에는 장난을 치며 웃고 떠들던 친구들도 세미나에서 발표자로 모두의 앞에 서면 매우 진지하고 차분하게 발표를 했다. 평소에 학교에서 나오는 과제 및 퀴즈 준비만으로도 시간이 여유롭지 않을 텐데 발표자가 되면 모두들 주제에 대해 깊이 공부도 하고 자료 조사도 많이 해서 좋은 프레젠테이션을 준비했다. 조금 어렵긴 해도 모두 유익한 정보였다. 천문 지식 말고도 세미나에서 여러 가지를 배울 수 있었다. 프레젠테이션을 할 때의 좋은 자세, 알아듣기 쉽게 설명하는 법 등을 연습할 수 있었다. 그리고 무엇보다도 자신이 맡은 역할에 최선을 다하고 열정적으로 임하는 자세를 보고 배울 수 있었다. 다른 친구들이 하는 것을 보고 자극도 받고 배울 점과 보완할 점을 찾아보면서 나 또한 발전할 수 있는 좋은 기회였다.

한번은 이런 적이 있었다. 세미나에서 한 발표자가 어떤 천문 현상에 대해 설명하는데 슬라이드 전체가 딱 보기에도 복잡해 보이는 수식들로 가득 차 있었다. 평소에 물리나 복잡한 수식을 별로 좋아하지 않는 나는 그 슬라이드를 보고 덜컥 겁부터 났다. 결국 이해하려는 노력 없이 멍하니 슬라이드를 바라봤다. 다른 사람들도 그러려니 하고 넘어갔는데 프레젠테이션이 끝나고 질문 시간에 그 슬라이드에 대해 구체적으로 질문하는 사람들이 많았다. 나와 달리, 수식으로 빈틈없이 빼곡하게 채워진 슬라이드를 나름대로 해석해 봤던 것이 분명하다. 그러다 막힌 부분을 기억해 뒀다가 마지막에 질문을 한 것이었다. 나처럼 어렵다고 그냥 넘어가는 것이 아니라 적극적으로 궁금증을 풀려는 태도가 대단해 보였다. 이때 굉장히 부끄러웠다. 단지 내가 싫어하고 못할 것 같다는 생각만으로 도전해 보지도 않고 아예 포기했던 것은 아닌지.

비록 천문 쪽으로 일할 생각은 없지만 자기 전공이 아닌데도 천문에 관련해서 늘 열정적으로 임하는 동아리원들을 보면서 과학자라면 자기가 하는 연구, 자기가 하는 일에 저렇게 열정적으로 임해야겠다는 생각을 했다. 동아리에서 하는 공부가 시험을 본다거나 해서 학점으로 남는 것도 아닌데 열심히 배우는 자세가 참 멋지다. 동아리에서 진행하는 세미나에서도 준비하는 사람도 굉장히 열심히 해서 질 좋은 발표를 하는 것은 물론이거니와 발표를 듣는 사람들도 그냥 듣고 마는 것이 아니라 본인이 궁금한 것에 대해 질문하고 그 답을 알아 가려고 하는 모습이 존경스러웠다. 언제부터인가 궁금증도 많이 줄어들고 질문하는 것에 대해서도 소극적으로 변한 나의 모습을 되돌아볼 수 있었다.

동아리원 말고도 아주 가까이에서 열정적인 사람을 찾을 수 있다. 바로 함께 방을 쓰는 룸메이트다. 지난 여름 학기와 이번 봄 학기에 같이 방을 쓰는 룸메이트는 본인의 전공인 생물에 대한 것이면 무엇이든 열정적인 모습을 보인다. 또한 룸메이트를 보면서 시험공부 하는 습관이 바뀌었다. 원래 나는 수업 시간에 배운 것만 복습하고 교과서에 있는 내용만 살피고 그 이상은 하지 않았다. 그런데 룸메이트가 수업 시간에 배운 내용과 관련해서 본인이 관심 있는 부분을 스스로 찾으면서 공부하는 것을 보고 내가 헛공부를 했구나 하는 생각이 들었다. 그래서 이번 학기에는 공부 방법을 바꿔서 시험에 급급한 공부가 아니라 정말 무언가를 배우려는 자세로 공부를 했더니 훨씬 즐겁게 공부할 수 있었고 시험 준비도 잘할 수 있었다.

룸메이트는 2학년 겨울 학기 때부터 '생명과학과 랩'에서 개별 연구를 했다. 거기에다가 이번 학기에는 조교도 한다. 굉장히 바빠 보이지만 연구 노트도 항상 꼼꼼히 작성하고 일반 생물 조교 일도 열심히 한다. 그러면서 본인이 해야 하는 학과 공부도 병행한다. 피곤하고 하기 싫을 것 같다고 생각했는데 연구한 내용에 대해서 설명해 주는 모습을 보면 오히려 거기서 활력을 얻는 것 같다는 느낌을 받는다. 한마디로 자신이 하고 있는 일에 대한 열정이 느껴졌다.

앞으로의 목표에 대한 이야기를 할 때도 열정이 넘치는 것을 느낄 수 있다. 확실한 목표 의식을 가지고 있고 그 목표를 이루기 위해 자신이 할 수 있는 일을 찾아서 한 발, 한 발씩 앞으로 나아가는 모습이 멋있다. 나는 아직 전공이 적성에 맞는지 안 맞는지 고민하고 과학이 내 길이 맞는지 아닌지 고민하기도 하면서 방황하고 있는데 이미 목표를 정하고 그것을 향해 앞으로 나아가는 룸메이트가 부러우면서도 나 자신을 돌아보는 계기가 되었다. 자신의 꿈을 빨리 찾고 그것을 향해 좀 더 일찍부터 준비해 나가는 점이 존경스럽다.

열정의 에너지가 감염되다

어쩌면 새롭게 배운다는 것에 대한 두려움 그리고 모르는 것을 누군가에게 물어봐야 한다는 거리낌, 이해를 위한 노력의 귀찮음 등이 나를 점점 더 소극적으로 만들었다. 그러면서 자연스럽게 과학에 대한 나의 열정도 식었던 것 같다. 그러다 보니 새로운 것을 배우고 궁금한 것을 해결하고 싶어서 공부하는 것이 아니라, 시험을 보기 위해 공부를 하게 되었다. 그런데 진로에 대해 진지하게 고민하고 나를 돌아보는 시간을 갖자 주변의 열정적인 사람들이 눈에 들어오기 시작했다. 그리고 그 사람들에게서 배워야겠다고 생각했다. 주변의 열정적인 사람들을 보고 나도 큰 열정을 품고 싶었다.

아직은 과학자로 어떻게 살아갈지 아니, 과학자가 될지에 대한 생각도 막연하지만 주변의 열정적인 사람들의 에너지를 조금씩 받아 와서 나도 무엇을 하든 열정적으로 임하면 잘될 것 같다는 생각이 든다. 과학자가 되기 위해서나 과학자가 되어서나 열정을 빼면 정말 빈껍데기만 남을 것 같다. 열정으로 나의 꿈을 실현하기 위한 에너지를 얻고 꿈을 하나씩 실현해 나가면서 또 거기서 새로운 에너지를 얻고……. 긍정적인 순환이 계속될 수 있을 것이다. 아직까지는 롤 모델이라고 할 만큼 존경하거나 관심 있는 과학자는 딱히 없지만 그래도 상관없다. 한 사람이 아닌 여러 사람에게서 다른 점을 조금씩 배우는 것도 유익하기 때문이다. 항상 주변을 둘러보면 열정이 가득한 사람들을 만날 수 있다. 그들을 보면서 본받을 점을 찾기 위해 노력할 것이다.

뚜렷한 목표나 꿈 없이 카이스트에 왔고 여기서 생각보다 많은 고민을 하고 방황도 하고 있지만 주변에서 많은 도움을 받고 깨달음을 얻고 있다. 지금까지는 열정 가득한 동아리원과 룸메이트에게 한 수 배웠다. 앞으로는 어떤 사람들을 이곳에서 만나게 될지 모른다. 그렇지만 그들에게 새로운 것을 배울 생각을 하면 설렌다. 그리고 언젠가 과학자가 될지 안 될지는 모르지만 이들에게 배운 것으로 더 발전한 내가 누군가에게 또 다른 열정을 심어 줄 수 있다면 정말 기쁠 것이다. 내가 이곳에서 열정 가득한 사람들을 만났듯이 나도 누군가가 존경하는 열정 가득한 사람이 되기 위해 노력해야겠다.

모두를 위한 평등

건설밑환경공학과 10 노현채

조선 시대에 파발을 띄우던 것보다 오토바이로 우편물을 배달하는 것이 편하고, 이보다 컴퓨터로 전자 우편을 보내는 것은 더 편하다. 휴대전화로 문자를 보내는 것은 더욱더 편하며, 스마트폰으로 어디서든 전자 우편, 메신저 쪽지, 문자 메시지를 보내는 것은 혁신이다. 이렇듯 공학의 목표는 사람들의 욕구를 충족시켜 주는 것이고 전 세계 연구소에서 우리 생활을 더 편하고 윤택하게 만들기 위해 다양한 연구가 이루어지고 있다. 현재 우리가 누리고 있는 편리함은 모두 과거의 공학자들이 이루어 낸 업적들 덕분이다.

하지만 그 편리함 이면에는 우리에게 고통을 주는 환경 문제가 있다. 최근 수년간 기상 이상 현상이 급증했다. 태풍, 지진, 화산과 같은 자연재해뿐만 아니라 때 아닌 가뭄, 홍수, 폭우, 폭설로 인해 매년 사상자가 나온다. 우리가 받는 이 고통 역시 모두 과거의 공학자들이 이루어 낸 업적들 때문이다.

미래에 후손들이 살게 될 세상도 공학자들이 만드는 세상이다. 지금처럼 환경을 파괴하면서 개발에만 욕심을 부리고 자원을 낭비하면서 편리함을 추구해도 괜찮은 것일까? 후손들이 지금 우리처럼 행복을 누릴 수 있도록 지속가능한 연구를 하는 것은 공학자들의 책임이자 의무이다.

지속가능한 연구는 뜻밖에 평등사상이 기저를 이룬다. 지속가능한 연구를 통해 유지하고자 하는 세 가지 평등은 '세대 내 평등', '세대 간 평등', '생명체 간 평등'이다. 우리가 통상적으로 말하는 인간 평등은 세대 내 평등에 속한다. 선진국의 국민과 후진국의 국민이 평등해야 하며, 남성과 여성이 평등해야 하는 등 모든 인간은 똑같은 기회를 가져야 한다. 세대 간 평등은 더 폭넓은 인간 평등으로, 현재 우리 세대와 다음 세대가 공평해야 한다는 뜻이다.

우리가 석유를 모두 사용해 버리는 것은 다음 세대가 석유를 이용하는 기회를 박탈하는 것이기 때문에 세대 간 평등에 어긋나는 행위이다. 인간뿐만 아니라 다른 생명체도 인간과 공평한 기회를 부여받아야 한다는 것이 지속가능성의 마지막 평등이다. 이 땅에서 호흡하는 생명체라면 함께 살아갈 권리가 있다.

세대 내 평등에 대하여

누구의 잘못인가?

마을의 우물이 말랐다. 올해 들어 벌써 열 번째 우물이 마르면서 주민 모두 갈증에 허덕이고 있다. 마을 어르신께서는 우물이 자꾸 마르고 낮이 점점 더워지는 것은 지구온난화 때문이라고 한다. 지구온난화는 석유를 사용하는 것과 관련이 있다고 한다. 전 세계의 석유 중 20퍼센트를 미국이, 14퍼센트를 유럽이, 10퍼센트를 중국이 쓰는데 왜 우리가 피해를 받아야 할까? 우리 아프리카에서는 석유를 거의 사용하지 않는데도 말이다. 불공평하다.

—어느 아프리카 소년의 일기

과거에는 동양이나 서양이나 태어나면서부터 계급이 있었고 그에 따라 차별을 받았다. 근대에 들어서면서 모든 인간은 귀천이 없다는 인간 평등사상이 주장되기 시작했으며 지금은 보편적인 생각이 되었다. 하지만 실제로 모든 인간이 평등한 대우를 받기에는 각자 시작하는 조건이 너무나 다르다. 어떤 사람은 부잣집에서 태어나서 어려서부터 하고 싶은 것만 하며 살지만 어떤 사람은 가난한 형편에서 하루하루를 힘겹게 살아간다.

이와 비슷하게, 국가도 주어지는 조건이 너무나 다르다. 천연자원은 특정 지역에만 매장되어 있어서 천연자원이 없는 국가들은 자원을 전량 수입해서 사용해야 한다. 기술이 발전한 국가가 있고 아직 기술을 발전시키는 것보다 식량 문제나 전쟁과 같이 더욱 근본적인 문제를 처리하는 게 급한 국가들도 있다. 모든 국가의 국민이 평등해야 한다는 보편적인 생각을 만족시키기 위해서 공학자들이 해야 할 일들이 여기에 있다.

먼저 공학자들은 환경 이용에 대한 공평성을 유지하기 위해 노력해야 한다. 깨끗한 환경에서 살아가는 것을 하나의 권리로 보면 깨끗한 환경도 불균등하게 분배되고 있다. 미국, 중국, 한국 등 지구온난화의 주범인 온실가스를 배출하는 국가가 따로 있고, 이로 인해서 피해를 보는 국가가 따로 있다. 우리는 주변 국가가, 또는 동떨어진 다른 국가가 우리에게 영향을 줄 수 있다는 것을 경험해 왔다. 후쿠시마 원전 사태 이후 전 세계 모든 바다가 오염되었고 중국의 사막화에 의한 황사는 하와이까지 도달해 영향을 끼친다. 그럼 다른 국가의 깨끗한 환경을 침해하는 행위에 대해서 어떻게 보상할 수 있을까?

첫 번째 방법은 금전적으로 보상하는 것이다. 이산화탄소를 적정 수준 초과로 배출하는 나라에서는 초과한 양에 탄소세를 적용해서 보상하게 하는 제도이다. 하지만 이를 시행하면 산업에 지장을 줄 수 있기 때문에 아직은 많은 국가에서 시행하지 못하고 있다.

두 번째 방법은 기술적으로 보상하는 것이다. 환경을 파괴한 만큼 환경을 되살릴 수 있다면 환경에 대한 권리를 평등하게 유지할 수 있다. 환경에 피해를 주는 산업이나 기술을 사용하지 못하도록 금지하는 것이 가장 좋겠지만 그럴 만한 사정이 되지 못하면 환경을 되살리는 기술을 연구해야 한다.

예를 들어, 지금 당장 자동차 사용을 절반으로 줄이는 것은 많은 산업을 마비시킬 것이다. 그러므로 자동차 사용을 줄이는 대신 자동차가 배출한 이산화탄소를 고정화하는 기술을 개발하는 방식으로 국가적

차원에서 피해에 대한 책임을 져야 한다.

또한 공학자들은 후진국에서도 적절한 기술을 사용할 수 있도록 노력해야 한다. 아프리카에 상하수도 시설 설치 공사를 진행하기에는 아직 기술도 없고 자본도 없다. 적절한 정수 장치가 없는 아프리카에서는 사람들이 오염된 물을 그대로 마셔 병에 걸리는 일이 많다. 상하수도 공사와 같은 대규모 공사가 불가능한 아프리카의 실정에 맞춰서 소규모 정수 장치를 개발함으로써 많은 사람을 질병으로부터 보호할 수 있다. 이렇게 실정에 맞춰서 합당한 효과를 얻어 내는 기술을 '적정기술'이라고 한다. 공학자로서 평등에 이바지하는 또 다른 방법은 이러한 적정기술을 연구하는 것이다. 그리고 친환경적이고 에너지 효율이 높은 기술을 후진국에 전파하고 적용함으로써 후진국에서의 환경 피해를 줄일 수 있다.

세대 간 평등에 대하여

석유 시대의 종말, 앞으로 우리의 미래는?

오늘 오전 7시 사우디아라비아 석유 창고가 바닥을 드러냈다. 지구 석유의 마지막 한 방울은 베트남에서 에티오피아로 쌀을 운송하던 식량 열차에서 사용되었다. 이 쌀은 에티오피아 1억 명의 식량이 될 것이지만 앞으로의 식량 운송은 매우 느려질 것으로 보여 수많은 에티오피아 국민이 굶주리게 될 것으로 예상된다. 2030년 석유의 가채 연수가 20년 남았다는 석유수출국기구(OPEC) 연구진의 연구 결과에 따라 OPEC은 석유를 세계 각지의 창고에 저장해서 석유 사용을 제한

해 왔지만 결국 오늘로써 석유 시대는 끝이 났다…… (후략)

−2060년 ×월 ××일 △△일보 1면

현재까지 측정된 자원의 매장량을 연간 생산량으로 나눈 값을 그 자원의 가채 연수라고 한다. 전문가들은 석유의 가채 연수를 짧게는 30년, 길어 봐야 100년으로 보고 있다. 천연가스는 50년, 우라늄 60년, 아연·구리·납 등의 금속은 10~15년 등이다. 그러므로 두 세대 뒤에는 우리가 현재 사용하는 자원이 고갈되거나 매우 희소해질 것이다. 지구는 하나뿐이고 인간이 사용할 수 있는 자원은 한정되어 있다. 값싼 에너지원이 없고 구리와 납을 비롯한 중요한 금속을 가지지 못하는 다음 세대는 조상을 원망할 것이다.

우리 다음 세대까지 자원을 공평하게 사용하기 위해서 우리가 실천할 수 있는 것은 3R, 즉 절약(Reduce), 재사용(Reuse) 그리고 재활용(Recycle)이다. 자원의 사용량을 최대한 줄이고 재이용·재활용하면서 자원이 고갈되는 것을 막아야 한다. 공학자로서 자원 고갈을 막는 방법은 매우 다양하다. 재활용이 가능한 제품을 만들고 다양한 방법으로 재활용하는 연구를 한다. 또는 재이용이 가능한 제품을 개발해서 제조 공정의 에너지까지 절약할 수 있다. 하지만 가장 좋은 것은 애초에 자원을 절약하는 것이다.

연비가 15km/L인 자동차와 10km/L인 자동차 중에 환경에 더 큰 영향을 끼치는 자동차는 어떤 것일까? 같은 조건이라면 물론 연비가 좋은 자동차가 환경에 좋은 자동차이다. 하지만 연비가 15km/L인 휘발유 차와 연비가 10km/L인 하이브리드 전기 자동차의 경우는 추가적인 평가가 필요하다. 제품을 개발하는 공학자의 입장에서는 '전과정 평가(Life Cycle Assessment)'를 통해서 종합적으로 얼마나 많은 자원을 이용하는지 평가해야 한다. 전과정 평가란 원재료의 채굴 및 채취부터 제작, 사용, 폐기의 모든 과정에서 필요한 재료의 양 및 환경 영향을 평가하는 것이다. 위에서 예시로 든 자동차의 경우에는 자동차를 만드는 데 필요한 금속과 유리, 공정 과정에 에너지로 사용한 석유, 사용자가 운전 중 이용한 석유와 전기, 폐기하는 데 필요한 에너지 등 전체 과정에서 사용한 모든 물질을 평가하는 것이다. 전과정 평가를 제대로 시행한 이후에야 어떤 물품이 자원 효율적이고 환경에 영향이 적은지 알 수 있다. 친환경 자동차라고 만들어 놓은 하이브리드 자동차가 오히려 생산 과정에 희소한 금속을 많이 쓰게 된다면 친환경 제품이 아닐 수도 있는 것이다. 전과정 평가를 통해서 자원을 최소로 사용하는 방법을 선택하는 것이 우리 다음 세대에 자원을 물려주는 방법이다.

생명체 간 평등에 대하여

'그들'은 우리의 영역을 침범하고 있다.

몇 년째 우리는 이사를 하고 있다. 어제 머물던 동네도 이제는 살 수 없는 곳이 되어 버렸다. 먹을 음식이 없는 데다가 쉴 수 있는 자리도 없고, 나무가 없어서 뜨거운 햇볕을 피할 수도 없다. '그들'이 다녀가는 곳은 물도 땅도 공기도 더러워진다. 아마존의 주인이었던 우리 아마존 원숭이들은 더 이상 갈 곳이 없다. 어디에서 왔는지 모르겠지만 '그들'은 매일 우리의 영역을 없애고 있다. 불공평하다.

-어느 아마존 원숭이의 일기

　　과거에는 성인 남성의 노동력이 크다는 이유로 여성과 어린이의 권리가 보호되지 않았다. 하지만 기술이 발전하고 인간이 성숙해지면서 여성과 어린이를 성인 남성과 동등하게 보게 되었다. 시간이 흐르면 인간의 생각에 이렇게 큰 변화가 생기기 마련이다. 환경 보전이 강조되고 있는 21세기에는 인간의 평등사상에 두 번째 변화가 필요하다. 바로 인간과 다른 종과의 평등이다. 혹자는 동물들이 어떻게 인간과 공평한 기회를 가져야 하는지 의문을 가질 수도 있을 것이다. 인간은 동물들보다 지능이 뛰어나고 도덕적으로 성숙하기 때문에 동물들을 지배해도 된다고 생각하는 사람이 있다. 하지만 지능이나 기술이 우수하다고 지배해도 된다는 것은 과거 식민지 시대에 지배를 정당화하던 근거와 비슷하다. 우리는 더욱 성숙해졌고, 서로가 지배하고 지배당하는 것이 옳지 않다는 데에 동의한다. 동물들도 인간과 같은 지구 환경의 구성원이며 어쩌면 인간보다도 각자의 역할에 더 충실한 존재이기 때문에 깨끗한 환경에서 살 권리를 보장받아야 한다.

　　모든 종을 보호하는 것은 윤리적인 문제뿐만 아니라 과학적으로도 중요하다. 인간이 세상을 지배하다시피 하기 전에 모든 종은 서로 어우러져 지구를 구성했다. 얽히고설킨 포식 관계와 공생 관계는 나름의 균형을 갖고 있었다. 하지만 인간이 모든 구성 요소를 조절하려고 하자 그 균형이 깨져 다양한 종이 급격히 멸종되기 시작했다. 세계 인구의 절반 정도는 다양한 종의 도움을 받으며 생계를 꾸려 나간다. 특히 농업과 어업을 기본 생활 양식으로 하는 이들에게 종의 다양성은 필수적이다.

인간은 간척 사업을 하고 숲에서 벌목하면서 자연으로부터 이득을 취해 왔다. 하지만 그로 인해 수많은 동식물은 삶의 터전을 잃었다. 수자원, 토양자원 등 많은 동식물의 삶의 터전을 배경으로 연구하는 공학자들은 동식물과의 상호작용에 대해서도 고려해야 한다. 예를 들어, 풍력발전 단지를 개발할 때에는 조류의 이동 경로를 고려해서 '버드스트라이크(조류가 터빈에 부딪혀 죽는 사고)'를 줄여야 한다. 간척 사업을 할 때에는 바다 아래에 보호종이 있는지 확인해야 하고, 간척 사업이 해저 생태계에 어떤 영향을 끼치는지 철저히 검토해야 한다.

앞서 우리는 공학자가 '세대 내 평등', '세대 간 평등' 그리고 '생명체 간 평등'을 위해 필요한 노력에 대해 살펴봤다. 먼저, 환경에 피해를 일으킨 만큼 파괴된 환경을 다시 회복하는 데 힘써야 한다. 또한 기술이 부족한 국가에는 에너지 효율적이고 실정에 맞는 기술을 전수함으로써 환경 영향을 줄여야 한다. 깨끗한 환경을 사용할 권리를 보호하면서 같은 조건에서 시작할 수 있도록 기술을 가르치는 것은 지구촌 이웃들 간의 평등을 위한 길이다. 다음 세대와 공평하기 위해 지금부터 자원 절약에 온 힘을 기울여야 한다. 주요 자원들의 가채 연수는 계속 줄어들고 있다. 다음 세대까지, 그리고 그다음 세대까지 자원이 이어지도록 절약·재사용·재활용을 적극 실천해야 한다. 그리고 전과정 평가를 통해 얼마나 효율적으로 자원을 이용하는지 평가해야 한다. 마지막으로, 우리와 더불어 살아가는 다른 생명체들이 삶의 터전을 잃지 않도록 항상 고려해야 한다.

완벽한 평등을 실현하는 것은 불가능하다. 하지만 지속가능한 연구를 통해 우리는 지구의 균형을 맞추어 갈 수 있고 오랫동안 이 환경을 유지할 수 있을 것이다. '지속가능 공학'은 환경공학에서만 다룰 문제가 절대 아니다. 화학·생명·토목·기계공학자 등 모든 공학자는 자신의 연구에 지속가능성의 기준을 적용해 봐야 한다. 그리고 스스로에게 계속해서 질문해야 할 것이다.

'나는 평등을 위해 노력하는가? 이기적이지 않은가?'

로켓과 미사일 사이

좋은 과학자와 나쁜 과학자의 구분에 관하여

산업디자인학과 09 안상균

올바른 과학자 혹은 좋은 과학에 관해 생각할 때 참고할 만한 알맞은 사례가 있다. 바로 독일 출신의 미국 로켓 과학자 베르너 폰 브라운(Wernher von Braun)에 관한 '엇갈린 평가'의 이야기이다.

"로켓이 엉뚱한 행성에 도착했다는 사실을 제외하고는 그것은 완벽하게 작동했습니다(The rocket worked perfectly except for landing on the wrong planet)."

이 말은 폰 브라운이 과거 나치 지배에 있던 독일군 로켓 연구소 과학자였을 당시 나치를 위해 만든 미사일 V2가 영국 런던의 상공에 떨어졌다는 소식을 듣고 한 말로 알려져 있다. 따라서 이 말에서 '엉뚱한 행성', '완벽한 로켓' 이 두 가지를 바탕으로 폰 브라운에 대한 면밀한 평가와 더불어 올바른 과학자로서의 책임에 대해 살펴볼 수 있다.

폰 브라운과 함께 그의 로켓은 극단적인 양면을 가지고 있다. 미국에서 폰 브라운은 로켓 분야의 영웅적 상징이다. 독일이 제2차 세계대전에서 패전한 후 미국으로 건너간 그는 소련의 스푸트니크 1호에 대항한 미국 최초의 인공위성 익스플로러 1호 발사를 성공시켰다. 곧이어 그는 미 항공우주국(NASA)에서 그의 새턴(Saturn) 로켓을 골격으로 한 아폴로 11호 발사를 감독 및 성공시켰다. 이것은 인류 최초의 달 착륙 유인 우주선이며 우주 시대의 시작을 알리는 큰 신호탄이 되었다.

그러나 그가 제2차 세계대전 당시 독일을 위해 만든 '복수의 무기(Vengeance weapon)'라 불리는 V2는 아폴로 11호와 동일하게 새턴을 토대로 만들어졌지만, 이것은 최초의 탄도 미사일로 실제 런던 폭격에 수차례 사용되어 치명적인 인명 살상을 초래했다. 아폴로 11호가 우주를 향하는 인류 꿈의 상징이라면, V2는 지구 반대편에 앉아서 버튼 하나로 전쟁을 하는 '버튼 전쟁 시대'의 음침한 서막이었다.

인류 최초의 달 착륙과 최초의 탄도 미사일의 개발은 아이러니하게도 하나의 뿌리를 공유한다. 그 뿌리에

베르너 폰 브라운.

는 베르너 폰 브라운이 있다. 또한 새턴과 그것을 골격으로 한 아폴로 11호와 V2는 모두 폰 브라운의 우주에 관한 이상적 열망과 연결된다. 오늘날 그의 과학자로서의 이상 추구와, 그 결과물들에 대해 상충하는 평가들은 우리로 하여금 '좋은 과학(good science)'의 정의와 그 판단법에 관하여 진지하게 생각하게 한다. 과연 우리는 폰 브라운을 어떻게 평가해야 할까? 그리고 과학자들과 과학은 어떻게 좋아질 수 있을까?

표면적 판별의 실패

현대 사회는 과학 기술 발전을 곧장 인류 문명의 발달, 혹은 국가 경쟁력의 핵심 지표로 받아들인다. 날이 갈수록 심오해지는 과학은 자칫 잘못하면 현대인들로 하여금 '맹목적인 신앙심'을 갖게 한다. 하지만 현대인들이 갖는 과학에 대한 단순한 감상에 반하여, 과학은 본질적으로 단편적인 판단을 불가능하게 하는 이중성을 띠고 있다. 혹은 그런 옳고 그른 가치 판단의 울타리에서 벗어난 '몰가치적' 성향을 가진다.

과학 판단의 이중성은 우리 주변에서 쉽게 발견할 수 있다. 지구의 종말로 비유되는 핵전쟁의 위협과 현대 인류의 찬란한 젖줄로 일컬어지는 원자력 발전은 모두 핵공학이라는 하나의 분모를 공유한다. 이런 거시적 이중성 외에도, 사람들의 내면에 알게 모르게 과학에 대한 상호 배반적인 판단이 자리 잡고 있다. 일례로 최근 일본 후쿠시마 원전 사고로 인해 동북아를 포함해 태평양을 둘러싼 각국의 많은 사람들이 일상 속에서 방사능 노출에 관한 간접 트라우마를 겪고 있다. 하지만 대조적으로 X-ray나 MRI 촬영과 같은 방사능 활용 의료에는 관대한 편이다. 즉 같은 과학일지라도 모순적으로 보이는, 서로 반대된 판단들이 뿌리 깊게 자리 잡고 있는 것이다. 또한 판단 자체가 무의미해 보이는 '몰가치적' 과학의 성향 때문에 우리는 과학을 잘못 평가하거나 판단을 포기하고 있다.

쉽게 생각할 수 있는 판별 기준으로 특정 과학 기술이 얼마나 많은 문제를 해결하는가에 관한 '작동성'을 생각해 볼 수 있다. 하지만 작동성을 기반으로 하는 표면적 평가는 근시안적으로 되기 쉬워 오랜 기간 동안 넓은 범위에 걸쳐 끼치게 될 영향에 관한 분석을 놓치게 된다.

일례로 1960년대 기적의 살충제로 불린 DDT(디클로로디페닐트리클로로에탄)는 살충에 있어서 아주 효과적으로 잘 '작동'했다. 그러나 60~70년대 레이철 카슨(Rachel Carson)을 필두로 하여 DDT 사용이 갖는 환경 문제 및 감당할 수 없는 생태계 파괴에 대한 경고가 대두되고, 그 후 70년대에는 기적의 살충제 사용(작동)이 금지된다. 이 사실로 우리는 '좋다'고 생각했던 DDT가 더 이상 '좋지 않다'고 말할 수 있다. 그러나 이내 또 한 번 '작동성'이라는 덕목이 판단의 기준으로써 갖는 유약함이 드러난다. 요즘 아프리카 같이 위생 환경이 좋지 않은 곳에서 말라리아 발병률이 증가하여 수백만 명이 고통받는 현상과 50년 전 DDT 사용 금지와의 상관성에 대한 논의가 이루어지고 있기 때문이다.

레이철 카슨.

급기야 2004년 「뉴욕 타임스」는 카슨이 수많은 아프리카 어린이들을 죽이고 있다며 DDT에 대한 그녀의 경고를 '쓰레기 과학(junk science)'이라고 비난했다.

그렇다면 다시 생각해 보자. 우리는 정말 DDT는 '좋지 않다'고 말할 수 있는 것일까? 그리고 누가 쉽게 레이첼 카슨을 '나쁜 과학자'라고 말할 수 있을까? 이렇게 표면으로 드러난 과학의 작동성만을 근간으로 한 판단은 깊이가 없으며 번복을 거듭하게 된다. 또한 폰 브라운의 경우, 마찬가지로 표면적으로 드러난 아폴로 11호의 혜택과 독일 V2 미사일의 피해 값을 단순 합산하는 저울질을 하려는 시도가 생길 수 있다. 그러나 역시 이런 단순 접근이 잘못된 것은 물론이거니와 그보다 근본적으로 좋은 과학을 판별하기 위한 기준 설정은 그리 간단하지 않다.

나쁜 과학자의 못다 한 책임

과학 기술 없이 삶을 영위하는 게 불가능해진 오늘날, 자신의 과학에 사회적 책임감을 갖는 과학자는 드물며 잘못 초래된 결과에 비해 과학자 개인이 지는 책임은 너무 초라하다. 우린 이에 관한 직접적인 일화를 제2차 세계대전 이후 열린 전범 재판에서 찾을 수 있다. 전쟁 중에 독일은 인종 학살과 인체 실험이라는 용납할 수 없는 범죄를 저질렀고 패전 후 그 범죄에 직간접적으로 가담한 과학자와 의사들이 국제 재판에 서게 되었다. 그러나 '나쁘다'라고 명료할 것만 같았던 재판은 그리 쉽지 않았다.

과학의 옳고 그름을 놓고 많은 담론들이 오갔으며 그중 독일 사회과학자 막스 베버(Max Weber)가 주창한 '과학의 가치중립성'의 견해에 의거하여 일부 과학자들은 '과학 지식의 사회적 활용을 근거로 독일 과학자들을 재판해서는 안 된다'는 입장을 보이기도 했다. 즉 본래 과학은 사회적·정치적으로 영향을 받지 않는 순수한 것이며, 과학자는 그런 순수한 지식을 좇는 이상주의자와 같기 때문에 사회적 가치 판단에 의거하여 과학자들을 처벌하는 것은 근거가 없고 모든 과학과 과학자에게 위험한 판결을 내릴 수도 없다는 것이다. 이렇게 과학의 몰가치함이 독일 과학자의 면죄부를 가장할 때 다시 한 번 연상되는 또 다른 재판이 있다. 바로 이스라엘에서 열린 나치 친위대 장교 '아이히만 전범 재판'이다.

나치 친위대 중간 관리자급의 장교였던 칼 아돌프 아이히만(Karl Adolf Eichmann)이 유대인 학살에 가담했다는 이유로 처벌을 위한 국제 재판이 예루살렘에서 열렸다. 이때 모두가 끔찍한 악인일 것이라고 예상했던 아이히만이 재판장에 들어서자, 막상 그가 너무나 평범한 우리 주변의 중년 남성과 같았기에 그곳에 있던 사람들은 충격을 받았다. 아이히만은 상부의 명령에 충실한 관료이며, 자신의 가정을 소중히 생각하는 한 명의 가장이었고, 심지어 사회적 환경에 의해서 주어진 이상에 최선을 다하는 것을 소시민적 양심으로 여기며 살던 사람이었다. 도리어 피고석에 선 그는 가해자가 아니라 자기 역시 나치 정권의 피해자라고 말했다.

허나 그는 교수형 판결을 받았다. 그 판결의 근거로 재판관은 그의 '무사유(無思惟)'를 지목했다. 항거 불능의 힘으로 개인에게 악행이 강요되었을지라도 사람으로서 '생각'해야 할 의무를 저버렸다는 것이다. 즉 아이히만이 저지른 죄는 타인(유대인)의 입장과 자신의 행동이 야기할 결과에 관한 무사유였으며, 이를 미국 「뉴요커(The New Yorker)」의 이스라엘 취재원 한나 아렌트(Hannah Arendt)가 '악의 평범성(banality of evil)'으로 기록했다. 끔찍한 악행을 야기하는 것은 끔직한 악인이 아니라 생각을 안 하는 '평범한 무책임'에서 온다는 것이다. 비로소 평범한 아이히만의 모습 위에 '나쁜' 과학자가 포개어진다.

로켓에 싣지 못한 것

좋은 과학자와 나쁜 과학자의 구분을 위하여 다시 폰 브라운의 말을 살펴볼 필요가 있다.

"로켓이 엉뚱한 행성에 도착했다는 사실을 제외하고는 그것은 완벽하게 작동했습니다."

이 말에는 두 가지의 로켓이 나온다. 하나는 '완벽하게 작동한 로켓'

새턴V 로켓 제1단 엔진 모습.

과 또 다른 하나는 '엉뚱한 행성에 도착한 로켓'이다. 첫 번째 로켓의 경우 '완벽하게 작동'했다. 이것은 막스 베버가 말한 몰가치적 과학의 로켓이다. 실제 영국 런던 상공으로 투하된 V2 미사일은 어찌되었건 인류 최초의 탄도 미사일이었으며 그 자체로 획기적인 과학 기술의 진보였다. 실제로 오늘날에도 수많은 과학자가 이로부터 영감을 받고 있으며 그것의 학문적 가치는 바람직하다고 볼 수 있다.

하지만 두 번째 로켓의 경우, 그것은 잘못된 행성으로 떨어졌다. 로 켓 자체는 완벽히 작동했다. 폰 브라운은 V2에 첨단 과학 기술과 수많 은 기계 부품을 장착했지만 미처 인간으로서의 '사유'는 싣지 못했다. 나치라는 광기 어린 힘 앞에서 생각해야 할 인간으로서의 책임을 저버 린 것이다. 로켓이 도착한 '행성'은 인류 사회의 은유이다. 로켓으로 대 변되는 과학이 사회적 맥락 속으로 떨어진 것이다. 이때 로켓은 폰 브 라운이 원했건 원치 않았건 인류 사회에 흔적을 남긴다. 정말로 그의 로켓은 런던에 잊지 못할 상처를 안겨 주었고 달 위에 지워지지 않을 인류의 발자국을 남기기도 했다. 흔적을 남기기 앞서 폰 브라운은 '생 각'을 했어야 했다.

과학자의 무거운 사유

모든 과학은 폰 브라운의 로켓처럼 불가피하게 인류에 흔적을 남긴 다. 그 흔적이 진보의 훈장으로 남을지, 돌이킬 수 없는 상처로 남을지 는 폰 브라운도, DDT를 금지한 카슨도 확신할 수 없다. 그러나 이것이 나쁜 과학자에게 책임 회피의 통로로 작용해서는 안 된다. 오히려 이로 인해 과학자는 막대한 흔적을 남기기에 앞서 더욱더 신중히 인간으로 서 '사유'하는 책임을 무겁게 느껴야 한다. 그런 사유가 부재한 과학은 어느 '행성'에도 닿을 수 없거나, 혹은 닿아서는 안 될 우주 밖 다른 행성 의 미사일일 뿐이다. 사유하는 과학자가 없는 곳이야말로 더 위험한 아 이히만이 서 있는 곳이기 때문이다.

오리 연못에 빠진
위대한 수학자

전기및전자공학과 10 김민수

이상적인 카이스트상

"어…… 야, 조심해! 그렇게까지 할 필요 없어!"

풍덩!

2010년 봄, 카이스트 오리 연못에서 한 학생이 물수제비를 뜨기 위해 돌을 던지다가 연못에 빠졌다는 소문은 순식간에 퍼졌다. 소문의 주인공인 그 학생은 10학번 백소성이다. 좀 더 좋은 각도에서 돌을 던지기 위해 조명등 위에 올라가 돌을 던지는 순간, 조명등이 돌아가 그대로 물속에 빠져 버린 것이다. 이 황당한 소식을 들은 친구들은 그가 장난치다가 빠진 거라 생각했겠지만 옆에서 그의 잠수 장면을 지켜본 나

카이스트의 명물 중 하나인 오리 연못. 분위기가 한적하고 다양한 편의 시설이 위치하고 있어 학업에 지친 카이스트 학생들뿐만 아니라 일반 시민들에게도 좋은 휴식처가 되고 있다.

로션 그것이 단순한 장난이 아니었다는 사실을 안다. 물리 수업에서 장력을 배운 그는 장력의 원리를 최대한 이용해서 물수제비를 만들어 보겠다고 틈만 나면 오리 연못에 돌을 던졌다. 그리고 물수제비를 많이 뜨겠다는 그의 집념이 이런 사건을 만든 것이다.

　이뿐만이 아니었다. 자전거를 못 타던 그는 수업 시간에 원심력에 대해 배웠다는 이유만으로 자전거를 탈 수 있다고 자랑하며 난생 처음으로 자전거 타기에 도전해 기숙사 앞 계단에서 구르기도 했다. 이상한 소리로 들릴지 모르겠으나 이 친구가 바로 내가 존경하는 카이스트인이자 내가 생각하는, 카이스트 학생들이 닮아야 할 이상적인 카이스트상이다.

　"디엑스 분의 디. 인테그랄. 안녕하세요! 디엑스."

　처음 그를 만났을 때 나는 그의 인사에 당황함을 감추지 못했다. 그리고 그 기억은 아직까지 생생하다. 위 인사말의 뜻은 그냥 '안녕하세요'이다. 대학교 새내기가 된 그에게 미적분학이란 이론은 너무도 신기했고 그는 그것을 인사법에 적용한 것이다. 그는 인천 연수고등학교에서 전교 1, 2등을 다투던 천재로 이미 소문이 자자했다. 같은 인천 일반고 출신인 나는 연수고등학교가 인천에서 가장 학구열이 높은 곳임을 잘 알고 있었다. 하지만 그런 그의 천재성에 대한 이미지는 위 인사말 덕분에 한 번에 무너졌다. 평소 눈에 띄는 행동을 싫어하고 일반적인 카이스트 학생들과 같은 '범생이'의 전형이었던 나는 그가 괴짜 같다는 첫인상을 지울 수 없었다. 마른 몸에 수도승처럼 깎은 반삭 머리 그리고 공돌이의 전형적 필수품인 삼선 슬리퍼까지. 옆구리엔 항상 전공 서적을 끼고 다니며 걸음걸이는 또 왜 이렇게 당당한지. 그런 괴짜 같은 모습 때문에, 이 학생과는 거리를 두어야겠다는 본능이 나를 지배했다.

하지만 학기 말이 되자 우습게도 나는 그 친구 옆에서 해 질 녘 감성에 젖어 오리 연못에 돌을 던지고 있었다. 심지어 여자 기숙사에 들어가기 위한 컴퓨터 알고리즘을 계획하는 그의 말도 안 되는 일에 동참하는 일원 중 한 명이 바로 나였다. 모범생이던 내가! 그렇다. 그에겐 평범하지만 많은 카이스트 학생들에게 결여된 '무엇'이 있었고 나는 그것에 이끌려 어느새 그와 함께하고 있었다.

그는 모든 일에 '도전적'이었다. 자신이 관심 있는 분야라면 석·박사 전공 서적을 뒤져서라도 끝까지 이해해 보려고 노력하는 것이 그의 공부 방법이었다. 그래서 쉬운 개론 과목을 배우더라도 그에겐 로드가 엄청났다. 우리가 그에게 지어 준 공부 별명도 있었다. '전투적 필기'였다. 공부할 양이 많았던 그는 전투적으로 필기했고 전투적으로 책을 읽었다. 그는 항상 자신이 원하는 지식을 위해 도전적이었고 그 많은 양을 공부하기 위해 필사적으로 공부했다. 비단 공부뿐만이 아니었다. 1학년 2학기 때 그에게 짝사랑하는 사람이 생겼다. 결론부터 이야기하자면 그녀는 지금도 그가 누군지 모른다. 하지만 그가 짝사랑하는 그녀의 관심을 받기 위해 했던 행동들은 실로 대단하다. 그녀의 주요 동선, 선호하는 식당을 끈질긴 관찰을 통해 파악한 뒤 석 달 내내 그녀가 가는 식당에서 그녀와 가까운 자리에 앉아 식사를 했다. 그런가 하면 어떻게든 자연스럽고 멋지게 그녀에게 자신의 존재를 알려야 한다고 생각하고 미적분학 시험 1등으로 자신의 이름을 알리겠다는 황당한 다짐을 하기도 했다.

아니, 다짐에서 그친 것이 아니라 그 다짐을 위해 미적분학 공부에 엄청난 노력을 쏟아부었으며 실제로 그는 미적분학 200점 만점 시험에서 195점으로 1등을 했다. 1등을 하는 과정 또한 평범하지 않았다. 그는 평범해서는 그녀에게 자신의 이름을 알리지 못한다며 세 시간 시험 중 한 시간 반 만에 답안 작성을 마치고 큰 소리로 "다 풀었습니다!"라고 외치며 시험지를 제출하고 나갔다. 5점 감점도 '한 시간 반 만에 시험문제 풀기 계획' 때문에 주의 사항을 제대로 읽지 못해 답안지 뒷면에 기재한 정답 때문에 생긴 것이다. 그냥 그녀에게 가서 관심이 있다고 말하면 되는 것을! 정말 바보 같고 말도 안 되는 다짐이었지만 도전하고 실제로 실천하는 그를 보면 감탄을 안 할 수가 없다.

그는 스스로에 대한 '자신감'이 대단했다. 일반물리 수업 시간, 교수님이 수업 중에 '한국인의 과학 노벨상 수상'을 주제로 말한 적이 있다. 교수님의 개인적인 의견으로는 현재 우리나라 과학 시스템으로는 노벨상 수상자가 나오기 쉽지 않을 것 같다고 했다. 수업 외의 말씀이라 졸고 있던 나는 옆 좌석에 있던 그의 한마디에 깜짝 놀라 잠에서 깼다.

"제가 노벨상을 타 오겠습니다, 교수님!"

졸다가 일어난 내 눈엔 자신감에 찬 표정으로 손을 번쩍 들어 올린 그와 그런 그를 향해 박수 치는 학생들의 모습이 들어왔다. 박수 친 학생들은 그가 장난으로 말했다고 생각했겠지만 난 그의 표정을 보고 진심임을 알 수 있었다.

그는 자신의 성공에 대한 확신이 가득했다. 첫 새내기 자기소개 시간에 다들 자신이 어느 지역, 어느 학교 출신인지 말하고 있을 때 그는 다른 말은 안 하고 딱 한 문장으로 자신을 소개했다.

"저는 위대한 수학자가 될 것입니다!"

그때부터 그의 별명은 '위수', '위대한 수학자'가 되었다. 처음에 이 소문을 들었을 때 나는 그가 장난으로 말한 줄만 알았다. 아니, 그를 자세히 알기 전까지도 저 '위대한 수학자'란 말이 친구들의 관심을 사로잡기 위한 말인 줄 알았다. 하지만 앞서 언급했듯이 그가 내뱉은 말은 적어도 그에겐 장난이 아니었다. 그는 진심이었고 '위대한 수학자'가 되기 위해 지금도 끊임없이 노력을 하고 있다.

마지막으로 그는 '실패'를 두려워하기보다는 '긍정적인 마인드'로 자신이 하고 싶은 일을 실천해 왔다. 앞선 사례들을 살펴보면 그는 학점 4점대의 '초 엘리트'라 생각할지도 모른다. 하지만 그의 학점은 평범한 카이스트 학생들과 다르지 않다. 그는 좋아하는 클래식 또는 공부를 위해서라면 장학금을 못 받는 한이 있더라도 그것에 몰두한다. 우리가 걱정돼서 그에게 "학점은 어쩌려고 그래? 네 실력에 비해 안 나오는데 아쉽지 않아?"라고 물어보면 항상 그는 "뭐, 밥은 먹고 살겠지! 학점이 뭐가 중요해?"라는 대답을 하곤 한다. 하지만 자신이 관심 있는 과목에선 보란 듯이 항상 1등에 가까운 점수를 얻곤 했다.

물론 그도 낮은 학점을 받거나 장학금을 못 받았을 때 전혀 신경을 안 쓰거나 실패에 대해 무감각하지는 않다. 그도 괴짜이기 이전에 보통의 사람이다. 하지만 자신에 대한 강한 자부심과 그런 자부심을 위해 노력하는 그는 실패를 두려워하기보다는 긍정적 마인드로 새로운 방향으로 나아가고 다시 도전할 수 있는 용기를 낸다. 그를 만나 본 모두가 똑같이 그에 대해 느끼는 것이 있다. '천재는 아니지만 똑똑한 노력파이며 괴짜 같지만 친해지고 싶은 매력 있는 사람'이라는 점이다.

불안과 스트레스를 극복하는 방법

그와 나는 2010학년도 카이스트 입학생인 10학번이다. 유난히도 10학번 때부터 학교에 안타까운 사건들이 많았고 우린 그런 사건들 속에서 대학 생활을 해 왔다. 그리고 그 사건들은 아직도 끊길 듯 끝나지 않고 있다. 이제 와 느낀 거지만 난 그가 내 옆에 있었기에 대학 생활을 버틸 수 있었다고 생각한다. 나는 이미 고등학생 때 기울어가는 가정 형편과 학업에 대한 스트레스로 심한 강박 증세와 우울증 진단을 받고 1년 넘게 학교를 쉰 적이 있었다. 그 당시 나에게 휴학은 큰 실패처럼 느껴졌고 복학한 뒤 실패가 두려워 뒤처지지 않기 위해 더 많은 노력을 쏟아부었다. 앞서 말했듯이 난 '전형적인' 카이스트 학생이다. 부모님과 주변의 기대, 칭찬 속에서 실패하면 안 된다는 적지 않은 압박을 느끼고 성공이라는 외줄타기를 하며 앞만 보고 달렸다. 오로지 좋은 성적과 취업이라는 목표에 연결된 줄을 따라서 말이다. 그리고 그런 줄 위의 조그마한 진동, 즉 역경만으로도 엄청난 불안감과 스트레스로 고통받았다. 이 줄이 아니면 내 인생이 망가지기라도 하는 것처럼.

내가 이런 사실을 깨닫게 된 건 단상 위에 있는 그를 보았을 때였다. 그는 공부에 지쳐 있는 나와 친구들을 위해 그룹 스터디를 만들어 매주 반나절 주요 과목 강의를 해 주었다. 그는 교수가 되고 싶어 했고 그래서 그것을 위한 연습이라 여기는 것이 강의 대가의 전부였다. 친구들과 나는 그런 그가 고마웠고 우리가 그에게 해 줄 수 있는 것이라곤 야식을 사 주는 것과 진심이 담긴 칭찬이었다. 그는 칭찬을 들을 때면 항상 신 나서 엉덩이춤을 추곤 했다. 그렇게 매주 단상 위에서 강의를 하고 있는 그를 보며 나는 그와 나 사이의 다른 관점을 느끼게 되었다. 나는 작은 의자 위에서 단상 위 공부란 목표만 바라보고 좁은 시선으로 애쓰고 있는 반면, 그는 단상 위에서 여러 명의 친구들을 보며 넓은 시야로 자신의 진정한 꿈을 위해 노력하고 있었다. 나는 그 순간 내가 줄 위에 서 있지만 줄 밑에도 땅이 있다는 것을 깨달았다. 그가 나에게 줄 위에서 내려올 수 있는 길을 제시해 주었고 나는 어느새 그와 같이 강에 돌을 던지며 땅 위로 내려올 수 있게 되었다.

그렇다면 땅에 내려온 지금 나는 실패에 대한 불안감과 스트레스로 고통받지 않을까? 그렇지 않다. 나도, 심지어 그도 미래에 대한 불안감과 스트레스로 고통을 받는다. 하지만 이젠 실패를 걱정하기 전에 도전하고 있다. 원하는 일이 잘 이뤄지지 않았을 때도 낙담만 하지 않는다. 내 자신의 능력을 믿고 있으며 그 능력을 키우기 위해 진심을 다해 노력하기 때문에 다시 도전한다. 그가 없었다면 불가능한 일이었을 것이다.

카이스트는 4년 전, 입시 전형 개혁에 앞장섰다. 입학사정관제가 그런 개혁의 일환이었으며 개혁들은 성공한 듯 보였다. 이 또한 카이스트에 있어서는 도전이었고 새로운 시도였다. 하지만 카이스트가 간과한 것이 있었다. 바로 그렇게 뽑아 둔 학생들을 위한 후속 관리였다. 나 역시 입학사정관제 전형자로서 그 후속 관리가 부족했음을 절실히 느낀다. 우리를 위해 만들어 준 관리라곤 입학 전 대학 기초 과목 수강이 전부였다. 입학 후 학교는 다른 학우들과 다를 바 없는 생활을 우리에게 요구했다.

그 후 발생한 안타까운 사건의 원인을 나는 이것에서 찾을 수 있다고 본다. 이 사건들 대다수의 원인이 학업을 따라가지 못한 스트레스로 인한 것이었다고는 하나 근본적인 문제는 그것이 아니었다. 아무리 학업을 따라갈 수 있게 학습을 제공해 주어도 뒤처지는 학생은 발생하게 된다. 문제는 '학업'에 있는 것이 아니라 '사람'에 있다. 우리에게 필요했던 것은 소성이가 나에게 보여 주었던 실패를 극복할 수 있는 지혜와 모든 일에 최선을 다할 수 있는 열정적인 도전 정신이다. 카이스트는 이 문제의 원인을 아직도 학업이나 인간관계에서 찾고 있다. '즐거운 대학 생활', '브리지 프로그램' 등이 그 결과물이다. 물론 그런 프로그램들이 도움이 되지 않는 것은 아니다. 그러나 근본적인 문제는 '사람' 본인에게 있으므로 이러한 대책은 적절한 해결책이라고 보기 어렵다.

변화된 나를 꿈꾸며

스물다섯, 학년 말이 되어 지난 대학 생활을 되돌아보고 나태한 내 자신에 대해 반성하고 새로운 목표와 변화를 위해 노력하는 요즘, 나의 두 눈은 백소성, 그를 괴짜에서 친구로, 친구에서 존경하는 이상적 카이스트상으로 바라보기 시작했다. 카이스트라는 특수한 환경 속에서 자라 온 우리에게 실패에 굴하지 않고 자신에 대한 큰 자부심과 성공에 대한 확신으로 모든 일에 끊임없이 도전하는 그의 모습이야말로 많은 카이스트 학생들과 나에게 결여된 '무엇'이었음을 새삼 깨닫게 된다.

요즘 내 모습과 카이스트 학생들을 보면 우물 안 어린아이가 떠오른다. 물론 아직 한창 배울 시기인 우리 나이 때 이러한 성장기를 겪는 것은 어떻게 보면 당연한 것이다. 하지만 내가 말하고 싶은 것은 우리 카이스트 학생들은 그 성장기가 멈춰 버리고 우물에서 벗어나지 못하고 있다는 것이다. 다른 타 대학교는 이러한 성장기에 사회를 접할 수 있는 기회가 많다. 주변 대학들과의 교류라든지, 대외 활동을 장려하는 프로그램이 활성화되어 있다. 또한 교수님, 선후배 간의 유대 또한 강하다. 반면 카이스트에선 자신이 직접 찾아 나서지 않는 한 활동하는 반경은 우리 학교로 한정되는 경우가 허다하며 무학과 제도나 개인주의적인 관습 때문에 교수님, 선후배 간의 유대 역시 약하다. 내가 소성이를 통해 조금이나마 앞으로 나아갈 수 있는 지혜를 배웠듯이 이러한 경험들은 학업이나 우리 학교 내의 인간관계만으로는 터득하기 힘들다. 수많은 타인과의 접촉, 대화를 통해 간접적으로 배우는 경우가 많기 때문이다.

따라서 그러한 지혜를 카이스트 학생들이 경험하고 깨달을 수 있는 방안이 모색되어야 한다고 생각한다. 그리고 그러한 방안은 강요가 아닌 자연스럽게 터득하고 깨달을 수 있는 방법으로 학생들에게 다가와야 하며 학교 전체적으로 그런 분위기를 조성할 수 있는 환경을 만들어 주어야 한다. 나도 알지 못하는 사이에 내가 소성이로부터 그런 지혜를 배웠듯이.

며칠 전, 오랜만에 소성이와 함께 식사를 했다. 시간이 꽤 지났지만 그는 아직도 열정적인 괴짜 그대로였다. 다만 좀 변한 것이 있다면 1년 전부터 인문학에 관심을 가진 그의 말에서 정신적인 성숙을 느꼈다는 것뿐, '위수'의 상징인 삼선 슬리퍼에 옆구리의 전공 서적은 그대로였다. 그는 4년이 지난 지금도 '위대한 수학자'가 꿈이다. 그날 그와 얘기하면서 '수학은 정말 아름다워!'라는 말을 수도 없이 들은 것 같다. 우린 스스로에 대한 반성과 변화를 원하는 나의 목표에 대해 얘기를 나눴고, 난 그날 그로부터 배울 수 있었던 지혜에 대해 감사를 표했다. 새로운 목표를 세우고 변화를 다짐하는 나의 모습 속에서 소성이 너의 모습이 보였다고. 오랜만에 그의 엉덩이춤을 볼 수 있었는데 기숙사로 돌아오는 길에 나는 어느새 그의 엉덩이춤을 따라 추고 있었다.

바보 같은 선택

전기및전자공학과 10 정태성

　　2014년 봄의 카이스트는 희망과 즐거움, 낭만으로 가득 차 있다. 매년 새롭게 입학하는 신입생들은 입시가 끝났다는 사실과 새로운 사람을 만난다는 기대, 새로운 곳에서 지낸다는 설렘 등등 모든 것이 즐겁기만 하다. 하지만 모든 사람이 다 그런 것은 아니다. 왜냐하면 1학년인 주호는 하루 종일 그를 괴롭히는 문제 때문에 머리카락이 다 빠져 버릴 지경이기 때문이다. 카이스트 1학년이라면 누구나 다 한 번씩은 겪어야 할 실험이 몇 개가 있는데 그중 하나가 바로 '일반물리학 실험 1'이다. 지난주에 했던 실험에서 측정한 값이 이론과 차이가 나도 너무 난다는 사실이 주호를 일주일 내내 괴롭혔다.

"미쳐 버리겠다. 이걸 진짜 어떻게 해야 하냐고!"

이론과 실제는 다르다는 것과 사람 일은 내 마음대로 되지 않는다는 것은 카이스트 학생이라면 모두 동의할 만한 명제이다. 하지만 그 간단한 사실이 주호를 괴롭히리라고는 아무도 알지 못했을 것이다.

"아! 몰라, 몰라. 그냥 자야지."

골치 아픈 문제를 뒤로하고 주호는 잠자리에 들었다. 이 문제 말고도 퀴즈, 숙제와 조만간 다가올 중간고사 때문에 이미 충분히 바쁜 상태였기 때문이다. 게다가 실험이 일반물리학 실험만 있는 것도 아니었다.

'동기들은 대학 들어가서 연애도 하고 동아리도 가입해서 재미있는 나날들을 보낸다는데 나는 왜 이 따위 실험 때문에 방에 틀어박혀 있어야 하는 거냐고! 선배들이 1학년이 제일 바쁘다더니 이 정도일 줄은 몰랐다.'

새삼 슬퍼지는 주호였다. 카이스트 합격 결과를 듣고 기대와 희망을 가득 안은 채 마지막 방학을 보냈던 때와는 달라도 너무 다른 대학 생활에 실망했기 때문이다.

다음 날 아침, 노크도 없이 주호의 방문이 벌컥 열렸다.

"야! 보고서 다 썼냐?"

주호의 실험 메이트인 성환이었다.

"아, 몰라. 쓰다가 짜증나서 그냥 잤어."

주호가 짜증을 내며 대꾸했다. 사실 어제 빨리 잔다고 누웠지만 해결되지 않은 문제가 주호의 머릿속을 좀체 떠나지 않아서 편히 잠을 이룰 수 없었다.

"뭐야. 우리 그거 내일까지 써서 내야 돼. 안 그러면 딜레이로 감점

된단 말이야. 빨리 써야지, 뭐 하는 거야."

성환은 이불 속으로 숨어 버린 주호를 재촉했다.

"그게 사실 문제가 있어서 그래."

"뭔데 그래?"

"우리 지난주에 실험하면서 공의 질량에 따른 운동에너지 변화 측정했잖아. 그때 공 바꿔 가면서 열 번씩 측정했는데 빨간색 공의 결과만 공식이랑 너무 달라. 다른 건 다 잘 나오는데 왜 그런지 모르겠어."

"그래? 어디 봐봐."

성환이 주호의 노트북에 담긴 실험 자료를 살펴봤다.

"확실히 빨간 공만 속도가 다른 공들에 비해 5분의 1 정도밖에 안 나왔네. 질량 차이도 거의 안 나는데 말이야."

"그렇지? 내가 어젯밤에 그거 때문에 잠을 못 잤다니까. 분명 똑같은 과정으로 실험했는데 왜 그것만 다르게 나오는 건지 모르겠다."

"내 생각에는 그때 측정할 때 숫자를 잘못 읽은 것 같은데? 이건 오차라고 보기에는 너무 어이없는 값이 나와 버리잖아."

"그랬을 수도 있겠다. 그러면 어떻게 하지?"

"이거 그냥 값만 조금 바꾸면 될 것 같은데? 빨간 공 데이터 숫자만 조금 바꿔 주면 그래프도 깔끔하게 나올 것 같아. 그렇지! 한번 봐봐. 포물선 예쁘게 그려지는구만. 보니까 렉처노트에 나온 공식과도 얼추 맞네. 뭐가 문제란 거야?"

성환은 별것 아니라는 듯이 말했다.

"값을 바꾸자고?"

"어차피 아무도 모를걸? 결과도 더 잘 나오고 말이야. 나쁠 게 없지."

"야, 그래도 그거 거짓말이잖아."

"거짓말은 무슨. 그냥 대충해. 뭘 그렇게 융통성 없이 굴어?"

"그래도……."

"이거 빨리 수정하고 그래프 뽑고 마무리해서 내자. 오케이? 그럼 나 맡기고 수업 간다. 좀 이따가 봐."

"어, 그래. 나중에 밥 먹을 때 전화할게. 그때 식당에서 보자."

성환을 보낸 주호는 여전히 마음이 편하지 않았다. 성환의 말대로 값을 고쳐서 내면 결과도 좋고, 아는 사람도 없기 때문에 말 그대로 누이 좋고 매부 좋은 상황이 될 것이다. 하지만 그것이 정말 옳은 행동인지에 대한 의문이 주호의 머릿속을 떠나지 않았다.

'안 그래도 이전 실험 보고서 점수도 안 좋고 시험도 걱정인데 어떻게 하지? 여기에서 현실과 타협하면 당장 점수는 오르겠지. 하지만 그것이 과연 옳을까? 내가 공부는 좀 그저 그래도 최소한 정직하게 살아왔다고 자부했는데.'

이와 동시에 또 다른 생각이 주호의 머릿속을 헤집어 놓았다.

'아니, 잠깐만. 장학금 받기에도 불안한 내가 지금 정직을 따질 때야? 그리고 나는 괜찮더라도 성환이는 어떻게 하지? 그 녀석도 나랑 비슷한 처지일 텐데 내가 피해만 주는 게 아닐까? 내가 괜히 예민하게 받아들이고 있는 건지도 몰라.'

주호는 좀처럼 결정을 내릴 수가 없었다. 하지만 이럴 여유가 없었다. 당장 아침에 있는 수업에 빠져서는 안 되기 때문이었다.

"그건 그렇고 나도 일어나서 씻고 수업이나 가야겠다. 진짜 이 분주한 인생은 언제 끝나는지 답이 안 보이네."

점심시간이면 학생들로 바글바글한 북측 식당, 주호는 성환이와 밥을 먹으면서 조심스럽게 얘기를 꺼냈다.

"성환아, 내가 진짜 많이 생각해 봤는데 우리 그냥 값 고치지 말고 내야 할 것 같아."

"뭐? 그거 내가 그냥 고치자고 했잖아. 아무 문제없다니까 그러네."

"그래도 거짓말하는 것 같아서 좀 그렇다. 손해 좀 보더라도 그냥 그대로 하자."

"와, 진짜 어이없다. 나를 무슨 완전 나쁜 놈으로 만들어 버리네? 너만 고고한 척, 정직한 척하고 나는 더러운 사람 취급하냐? 게다가 내가 알아보니까 조교가 이 정도는 대충 넘어가도 된다고 했어. 이건 거짓말하는 게 아니라니까?"

"진짜 진짜 미안한데 이거 그냥 쓰자. 값이 잘 안 나온 이유는 내가 잘 설명하고 어떻게 할지 등등 다 알아서 할게."

주호가 애절한 표정으로 성환에게 빌었지만 좀처럼 봐주는 눈치가 아니었다.

"나, 이번 실험 진짜 중요한 거 알고 있지? 너도 비슷할 거라 생각해. 우리 성적 잘 안 나오면 장학금도 못 받아. 게다가 실험 과목은 재수강도 안 되는 걸로 알고 있는데 이거 망하면 나중에 두고두고 후회할 거라고."

"그래. 나도 고민 많이 했어. 그래서 더욱 미안하기도 하고. 사실 네 말도 틀린 건 없어. 하지만 계속 마음에 걸려. 내가 괜히 예민하게 반응하는 걸 수도 있는데 아무래도 이건 정직하게 해야 할 거 같아. 내가 최대한 피해 안 가게 노력해 볼 테니까 이번 한 번만 좀 믿어 주라."

주호의 끈질긴 부탁과 고집에 성환은 못 이기겠다는 표정으로 말했다.

"하, 진짜…… 알겠어. 네 맘대로 해라."

"좋아. 다음 실험 때 정확하게 해서 점수 잘 받으면 되잖아. 또 실험 데이터가 좀 틀린 건 별로 안 깎일지도 몰라. 공식이랑 원리 설명 착실하게 하고 오차 원인 분석 잘하면 점수 나쁘지 않게 나올 것 같으니까 걱정 안 해도 될 것 같아."

성환의 대답을 들은 주호는 약간 흥분한 말투로 말했다. 이 모습을 본 성환도 기분이 조금 풀렸는지 웃으면서 넘겼다.

"알았어. 알았으니까 네가 하고 싶은 대로 다 해라. 난 모르겠다. 밥이나 먹어야지."

"이해해 줘서 고맙다. 내가 조만간 치킨 살게."

성환이 장난스럽게 대꾸했다.

"그래, 인마. 그 정도는 해 주셔야지. 나도 조교한테 다시 한 번 말해 볼게. 혹시 알아? 솔직하게 말한 우리를 좋게 봐줘서 오히려 가산점 줄지?"

"그러면 좋겠네. 빨리 먹자. 1시에 또 수업 있잖아."

"맞다. 1시에 퀴즈 하나 본다고 한 것 같은데. 큰일 났네, 이거."

3주 뒤 실험이 있는 날, 주호와 성환네 조는 점수가 적힌 보고서를 받아 볼 수 있었다. 보고서를 본 주호는 실망감을 감출 수가 없었다. 감점 요인 중에 그때 마음에 걸렸던 데이터에 대한 언급이 있었기 때문이다. 데이터가 잘못 나온 이유는 설명했지만 결과적으로 실험이 제대로 되지 않았기 때문에 5점이나 감점을 받은 것이다. 100점 만점에서 5점은 상당히 큰 점수이다. 주호가 실망한 표정을 본 성환은 빠르게 눈치를 채고 보고서를 낚아챘다.

"뭐야, 점수가 왜 이래? 이것 때문에 5점이나 깎았다고?"

"나도 모르겠다. 설명 잘하면 좀 봐줄 거라 생각했는데 생각보다 깐깐하네."

"아, 이래서 내가 그냥 바꾸자고 한 건데."

모든 것이 자신 탓이라고 생각한 주호는 시무룩해져서 말했다.

"미안하게 됐다. 괜히 내가 고집부린 것 같네."

"아냐. 결국엔 나도 안 고치는 것에 동의했으니까 내 책임도 있지. 너무 맘 상하지 마라."

성환의 말이 주호에게는 큰 위안이 되었다.

"그래도 이번 실험을 잘했으니까 다음 보고서 점수는 잘 나올 거야. 안 틀리려고 여러 번 반복해서 결과도 잘 얻었잖아?"

"그러길 바래야지 뭐 어쩌겠어. 그래도 5점이나 깎은 건 좀 큰 것 같아. 내가 조교한테 가서 클레임 해 볼게. 너는 옆에서 응원이나 하고 있어라."

"고맙다. 그럼 일단 오늘 실험 마저 하고 있을게."

잠시 뒤, 돌아온 성환이 투덜거렸다.

"클레임 해 봤는데 일단 점수가 다 나와서 고쳐 주기는 힘들다고 하네. 이 정도는 그냥 넘어갈 법도 한데 말이야. 너나 조교나 참 융통성이 없어요."

"뭐, 어쩌겠어. 이젠 받아들여야지."

"에구구, 하던 실험이나 계속하자. 빨리 끝내고 가야지. 이번 주말에는 집에 가려고 했다고."

결과적으로 주호는 아무것도 얻은 것이 없었다. 보고서에 장황하게 설명하느라 시간도 소비했고 점수도 깎였다. 게다가 친구에게 약속대로 치킨도 사 줬다. 아무도 주호가 정직함을 위해 고민하고 손해 본 것을 알지 못했다. 하지만 주호는 후회하지 않았다. 자신의 신념을 지켰기 때문이다. 설령 알아주는 사람이 없을지라도 자기 자신에게 당당했기 때문에 대수롭지 않게 넘길 수 있었다. 만약 그때 높은 점수를 위해 현실과 타협했더라면 후에 더 크게 후회하고 부끄러워했을 것이다. 또 이번 사건으로 주호는 한 가지 깨달은 것이 있었다.

'내가 정직하든 정직하지 못하든 상관없이 세상은 냉정하게 나를 평가한다. 어떻게 보면 감점을 당하는 것이 당연하고 공평한 결과일지도 모르지. 그럼에도 불구하고 정직은 충분히 지킬 만한 가치가 있다.'

주호는 문득, 정직한 선택을 한 아이들이 그렇지 않은 아이들보다 어른이 되어서 훨씬 크게 성공한다는 실험이 기억났다. 여전히 숙제, 퀴즈, 중간고사에 실험까지, 할 것이 산더미 같고 갈 길이 먼 카이스트 1학년의 삶이었지만 주호는 홀가분한 마음으로 지낼 수 있었다. 유혹에 굴복하지 않았던 주호는 후에 더 큰 유혹이 다가와도 능히 떨쳐 버리고 신념을 지킬 수 있을 것이다.

원자력 사람들이
나를 살리다!

원자력및양자공학과 12 김필서

뒤늦게 찾아온 사춘기

"카이스트 입학을 진심으로 축하드립니다!"

자그마치 2년하고 몇 개월 전, 입시생이었던 나는 합격자 발표 날 인터넷에 뜬 이 말을 읽고 얼마나 기뻤는지 모른다. 대학에 대한 막연한 설렘, 드디어 코피 나도록 공부한 나의 노력이 빛을 발하는 순간이었다.

고등학생 때 무작정 좋은 학교에 들어가야 한다는 생각으로 공부했고 운 좋게도 카이스트에 들어오게 되었다. 하지만 이때부터 나의 방황은 시작되었다. 무엇을 해야 하는지도 정해야 하고 시간 관리도 스스로

해야 하는 새로운 환경에 난 적응하지 못하고 우왕좌왕하고 있었다. 야자 시간에는 공부하고 수업 시간에는 수업 듣던 고등학교 생활을 반복하다가 갑자기 찾아온 자유는 나를 당황스럽게 했다. 특히나 싫어하는 과목을 성적 때문에 억지로라도 했던 고등학생 때와는 달리, 대학생이 되니 재미없는 과목은 자연스럽게 멀어지게 되면서 학점도 제대로 나오지 않았다.

심지어 나는 장래 희망도 없었다. 생각해 보면 나는 단지 대학을 가기 위해 공부했지, 내가 무슨 일을 하고 싶은지 전혀 알지 못했다. 입시 때 과를 정할 때도 내 의지와 전혀 상관없이 합격 가능 커트라인 안에 있는 과만 찾아서 골라 썼다. 나는 십 대를 대학에 가기 위해서만 살았던 것이다. 이렇게 중학생 때도 겪지 않았던 나의 첫 사춘기는 대학 생활 때 시작되었다.

뜻밖의 만남

질풍노도의 시기를 겪고 있던 어느 날, 그날은 과제를 제쳐 두고 술을 마신 다음 날이었다. 속이 안 좋아 친구들과 해장하고 터벅터벅 걷고 있는 어떤 사람이 나를 계속 쳐다보더니 말을 걸기 시작했다.

"학생, 안녕하세요."

안 그래도 속이 덜 풀려 기분이 안 좋은데 만나 본 적도 없는 사람이 나에게 말을 걸자 미간을 찌푸리며 얼버무렸다.

"네, 안녕하세요."

이렇게 단답형으로 말하고 서둘러 떠나려 하자 그 사람이 다시 길을 막고 대화를 이어 나갔다.

"학생, 이름이 뭐예요?"

"아, 저는 김필서라고 합니다."

"저는 저기 아름관 옆에 NFRI에서 일하는 김해진이라고 해요."

갑자기 그는 서둘러 휴대전화를 꺼내더니 인터넷 페이지를 나에게 보여 주며 말을 이어 나갔다.

"제가 지금 명함이 없어서 그러는데 학생이 저를 못 믿어 하는 거 같아서 보여 드리는 거예요."

그는 실제로 옆에 있는 국가핵융합연구소에서 근무하고 있었고 인터넷 기사에도 뜰 만큼 유명한 사람인 듯했다. 그는 나에게 고향은 어디인지, 어느 학교 나왔는지, 이렇게 개인 정보를 물어보더니 본론으로 들어갔다.

"제가 원래 학생들을 상담해 주는 사람인데 혹시 다음에 만날 수 있을까요?"

처음에는 이 사람이 나에게 무슨 꿍꿍이가 있나 하는 생각을 했지만 대화를 하다 보니 좋은 사람인 듯했고 그 상황에서 단호히 싫다고 거절하기도 그랬다. 그리고 속이 안 좋아 빨리 기숙사에 들어가고 싶은 마음에 "네, 다음에 봐요." 하고 휴대전화 번호를 알려 주고는 서둘러 그 자리를 떠났다. 그렇게 우리의 인연은 시작되었다.

두 번째 만남은 한 프랜차이즈 빵집에서 이루어졌다. 그는 조금씩 나에 대해 알아 가면서 동시에 자기 이야기도 해 주었다. 홀로 유학 생활을 했던 이야기, 그 와중에 종교의 믿음이 생긴 이야기, 국가핵융합연구소에 들어온 이야기 그리고 자기가 오자마자 터진 우리 학교의 안타까운 사건, 그때부터 자기가 느낀 외로움과 고통을 카이스트 학생들과 나누고 싶다는 생각, 마침내 여러 카이스트 학생들과 상담을 하고 있다는 이야기 등 다양한 자기 경험을 이야기해 주었다.

그렇게 자신의 이야기를 먼저 해 주자 나도 조금씩 경계심을 풀고 나의 사정을 말하기 시작했다. 이렇게 솔직하게 나의 고민을 이야기해 본 적은 처음이라 낯설었지만 안 그래도 무학과인 내가 과를 정하는 시기라 고민이 한층 깊어질 때여서 그런지 속에 있던 모든 고민들을 다 털어놓았다. 그렇게 그는 조금씩 나의 고민들을 들어 주고, 조언해 주고, 응원해 주었다. 밥도 사 주면서 나의 고민을 빨리 털어 버릴 수 있도록 도와주었다. 그는 언제나 'I've been there(나도 경험해 봤어).'라는 느낌으로 날 바라봐 주었다. 단지 조언을 해 주는 게 아니라 내 고민들을 다 들어 주는 자세가 나에게는 마치 짐을 덜어 버리는 것 같은 기분을 느끼게 해 주었다.

그와 매주 한 번씩 만나면서 나는 점점 활기를 되찾았다. 무엇보다 내가 깨달은 것은 '모든 학생들이 나와 같은 고민을 한다'는 것이었다. 모두가 이 시기에 고민하고 방황하며 무엇이든 도전하고 실패하고 좌절한다. 하지만 심각한 것은 누구나 겪는 좌절을 이십 대들은 엄청나게 큰 실패라고 느낀다는 것이다. 방황하는 이십 대를 도와 상담해 주고 자기도 경험한 청춘이었다는 것을 말해 줄 사람이 없기 때문에 우리는 쉽게 힘들어하고, 좌절하고, 꿈이 없어 방황하는 것이 지금의 현실이다. 하지만 그가 이러한 것들을 나에게 알려 주었다. 그는 나로 하여금 '이 사람도 경험해 봤다'는 느낌이 들게 만들어 주었다. 그리고 이것이 사람을 얼마나 기운 나게 하는지 경험하게 해 주었다. 그러면서 점점 학교생활도 잘해 나가기 시작했다. 지금 닥친 모든 공부를 끝내는 것이 더 중요하다는 것도 알았다. 이러한 고민은 하면 할수록 나에게 득이 될 리가 없다는 것도 깨달았다. 그렇게 나는 조금씩 내면의 벽을 허물 수 있었다.

원자력에 매료되다

그로 인해 바뀐 게 또 하나 있다. 그와 만나면 만날수록 나는 점점 원자력에 관심을 갖기 시작했다. 핵융합, 원자력 등 다양한 이야기를 들을 수 있었는데 그럴 때마다 얼마나 원자력이 중요한지, 인간에게 원자력이 얼마나 필수적인지를 깨달으면서 형용할 수 없는 호기심이 내 안에서 피어나기 시작했다. 그가 나에게 다시금 과학자의 길을 가도록 뒤에서 밀어 주고 있었다.

그때 마침 1학년들이 과를 정하는 시기여서 다양한 과 소개가 이루어지고 있었다. 나는 수많은 과 설명회 중 친구와 함께 미지의 과, 한 학년당 학생이 스무 명도 안 되는 학과인 '원자력및양자공학과' 설명회를 듣기 위해 나도 모르게 발걸음을 옮기고 있었다. 들으면 들을수록 원자력의 매력과 미래 그리고 교수님들의 말씀이 나를 매혹시켰다. 각 테이블마다 교수님이 한 분씩 앉아 있었는데 내 테이블에는 윤종일 교수님이 있었다. 교수님은 진로 문제에 걱정이 많다고 한 나에게 자신의 이야기를 들려주었다. 자기도 처음에 원자력과를 갔다가 적성에 안 맞는다고 느껴서 기계과로 옮겼고, 다시 원자력과로 돌아오게 된 이야기를 하면서 나에게 했던 말이 기억이 남는다.

"네가 지금 끌리는 데로 가렴. 그게 맘에 안 들면 나처럼 바꾸면 되잖니? 지금 하고 싶은 것, 끌리는 걸 하렴. 넌 아직 청춘이야."

그 말을 듣는 순간, 뜨거움이 나의 몸을 휘감기 시작했다. 어떤 과도 나에게는 맞지 않는다고 생각했고 심지어 과학자의 길은 나에게 맞지 않는다고 후회하는 암흑 속에서 나는 한줄기의 빛을 발견했다.

"원자력및양자공학과? 뭐 하는 곳이야, 거긴 도대체?"

"세상에, 뭐 하러 그런 이상한 과를 가? 가서 핵폭탄이나 만들고 있을 거야?"

"헐! 너 완전 의외다!"

당시 친구들이 나를 볼 때마다 하는 말이었다. 그들의 반응은 한결같았다. 의외다, 놀랍다, 거기는 어떤 직업을 갖게 되는 것인가, 사람들이 별로 없는 과는 다 그럴 만한 이유가 있다는 둥 원자력및양자공학과로 가는 것을 반대했다. 하지만 나는 작은 희망이 있었다. 과 설명회에 갔을 때 열정이 불타오르는 것을 뿌리치고 싶지 않았기 때문이다.

역시나 원자력 수업 하나하나는 정말로 재미있었다. 첫 학기에는 원자력의 전반적인 원리와 해석을 배우는 '원자력 공학개론', 에너지와 환경 부분을 배우는 '에너지와 환경 및 물', 양자공학, 핵물리의 기초를 다져 주는 '원자력 및 양자학 개론'은 나를 원자력의 매력에 한층 더 빠지게 했다. 무엇보다 과 학생도 적기 때문에 교수님들과 소통이 잘 되었고 모르는 부분은 자신 있게 물어볼 수 있었다. 이 과목을 가르친 강현국, 정용훈, 조승룡 교수님은 교수로서의 매력이 무엇인지를 몸소 느끼게 해 주었다. 1학년 때 수업을 제대로 들어 본 적이 없던 나는 전공 수업만큼은 재미있게 듣기 시작했다. 특히 여름 방학 때 조승룡 교수님

연구실에서 개별 연구를 하면서 의학 물리학에 대해 보다 깊게 이해할 수 있었고, 의학 물리학자로서의 내 모습을 상상하며 열심히 이 분야에 대해 공부해야겠다는 결심을 했다.

원자력은 배워도 배워도 끝이 없었다. 모든 전공 수업들이 하나의 원자력과 방사선으로 연결되어 있었기 때문에 학기가 지나고 수업을 들을수록 연결고리가 점점 잡히는 느낌에 신이 났다. 무엇보다 소수정예에서 그런지 교수님들은 질문에 대한 답도 잘해 주고 열정적으로 가르쳐 주었다. 특히 지금 듣고 있는 '원자력 열수력학 개론'의 김종현 교수님은 나에게 열수력 분야에 대해 관심을 갖게 해 준 존경하는 분이다. 교수님을 볼 때면 어떻게 이렇게 멋지게 늙을 수 있는지 감탄이 절로 나온다. 처음 수업을 들으러 갔을 때 인자한 미소를 띤 할아버지 느낌이 났지만 수업을 들으면 들을수록 학자로서 자기 분야에 대한 열정이 느껴지고 그 분야의 전문가라는 것을 확실히 알 수 있었다. 수업 교재의 서문에 쓰인 자기 이름을 보여 주면서 좋아하는데, 그럴 때마다 책 저자와 많은 도움을 주고받을 정도로 학식 높은 학자라는 사실이 부럽고 좀 더 열심히 원자력에 대해 공부해야겠다는 동기부여가 되고 있다.

그리고 무엇보다 나에게 큰 도움이 되었던 것은 학과장님과의 식사 시간이었다. 다른 학과와 다르게 우리 학과는 매년 한 번씩 학과장님과 아침을 먹으면서 대화를 한다. 처음에는 긴장이 되었지만 교수님과 자주 만나면서 진로 고민, 학과 상담 등을 통해 직접적인 조언을 들으면서 나를 발전시킬 수 있었다. 학점 걱정을 하자 교수님은 자기도 D를 많이 받아 봤다며 학점에 너무 스트레스를 받기보다는 내가 무엇을 하고 싶은지에 더 초점을 맞추는 것이 중요하다고 말해 주었다. 인터넷에 이름을 치면 나오는 유명한 교수님들이 이렇게 직접 조언을 해 주는 것을 볼 때마다 나는 정말 축복받은 사람이라는 것을 다시금 느낀다.

과학자로서 영감을 준 이들

과학자로서 영감을 준 모든 연구원이나 교수님 들을 보면 다 원자력과 관련이 깊다. 내가 그들을 존경하는 이유는 단순히 그들이 똑똑해서거나, 원자력 관련 분야에서 높은 위치에 있기 때문은 아니다. 물론 그러한 이유도 없지 않겠지만 그들이 나에게 영감을 주었다는 것이 더 큰 이유이다. 단순히 나에게 공부만을 가르쳐 준 게 아니라 자기 경험을 바탕으로 자칫 휘청거릴 수 있는 불안한 이십 대인 나에게 따뜻한 조언과 더불어 용기를 복돋아 주었다. 나에게 필요한 것이 바로 이것이었다. 김해진 연구원님이 있었기 때문에 힘들었던 나의 사춘기를 잘 끝낼 수 있었고, 그분 덕분에 원자력에 관심을 갖기 시작했다는 것은 큰 행운이었다. 그분이 먼저 나에게 말을 걸어 주지 않았다면 내가 지금 원자력이라는 분야를 만날 수 있었을까. 나는 아마 우왕좌왕하다가 남들이 많이 가는 과를 골라 갔을지도 모른다. 그러고 나서 적성에 맞지 않아 다시 방황을 하고 있었을 것이다. 그분 덕분에 다시 과학도의 길을 걷게 된 건지도 모른다. 나는 정말 운이 좋은 사람이다.

지금까지 나를 가르쳐 준 모든 원자력및양자공학과 교수님들, 친구들은 더욱더 나를 채찍질해 준다. 배우면 배울수록 매력적인 원자력을 더 알고 싶게 만들어 준 이 모든 분들에게 존경과 감사를 전한다. 이 모

2013년 원자력및양자공학과 송년회 모습.

든 사람들이 있는 카이스트가 좋다. 카이스트이기에 존경하는 교수님들과 더 친해질 수 있었고, 내가 배우고 싶은 분야를 찾을 수 있었으며, 지금처럼 행복한 대학 생활을 할 수 있는 것이다.

존경하는 과학자, 롤 모델이 되는 과학자는 단순히 노벨상을 수상한 과학자, 위대한 업적을 이룬 과학자가 아니라는 것을 난 대학생이 되어서 알게 되었다. 초등학생 때 단순히 유명한 과학자를 롤 모델로 삼았기 때문에 여기까지 올 수 있었지만, 정작 중요할 때 나에게 큰 영감을 준 과학도들은 내 주위에 있는 수많은 친구들과 교수님들이었다. 단순한 업적만이 아닌, 나를 진정으로 아껴 주는 그들이 있기 때문에 내가 행복한 대학 생활을 보낼 수 있는 게 아닐까. 아직도 원자력에 대해선 까막눈이지만 앞으로 달려갈 이 길이 기대된다. 내 롤 모델인 교수님들처럼 나도 언젠간 학생들에게 인간적으로 다가갈 수 있는 교수가 될 그날을 위해 달리고 또 달릴 것이다.

과학자의 자세

수리과학과 11 박한결

요즘 많은 학생들이 과학자의 꿈을 꾸고 있다. 이들이 과학자가 되기 위해서는 과학적으로 생각하는 능력, 과학에 대한 열정도 중요하지만 과학자로서 올바른 자세를 갖는 것 또한 매우 중요하다. 이 글에서는 과학자가 되고자 하는 사람들이 과학에 대해 어떤 자세를 취해야 하는지를 서술하고자 한다. 하지만 우선 과학의 목표에 대해 논할 필요가 있다. 과학은 존재하는지도 모르는 절대적 진리를 목표로 하는 것이 아니라, 자연에 대한 인류의 이해를 늘리는 것을 목표로 한다고 생각한다. 그렇기에 과학은 완벽할 수 없다. 그저 인류의 지식에 대한 욕구를 조금씩 충족시켜 줄 뿐이다.

과학, 그 가시밭길에 대하여

먼저 과학은 한 사람의 힘으로 확립할 수 있는 것이 아니라는 점을 인정해야 한다. 과학은 다른 사람들과 함께 고민하고 생각하며 이루어 가는 것이다. 과학적 지식, 이론을 만들어 내는 것만큼이나 다른 사람들의 연구에 기여하는 것도 중요하고 의미 있는 일이다. 뉴턴은 "내가 만약 다른 이들보다 더 멀리 볼 수 있었다면 그것은 바로 거인들의 어깨 위에 올랐기 때문이다."라고 말했다. 굳이 그 어깨 위에 오르지 못하더라도 오르는 사람을 돕는 것, 거인이 되지는 못하더라도 그 몸의 아주 자그마한 부분이라도 되는 것을 누가 무가치한 일이라 할 수 있겠는가.

역사를 거쳐 간 수많은 과학자들이 모두 혼자만의 힘으로 엄청난 일을 이루고 인류에 공헌했다는 생각은 허무맹랑하기 짝이 없는 것이다. 그들을 가르친 사람들, 그들에게 가르침을 받은 사람들, 그들과 학문적 견해를 주고받은 동료들이 없었더라면 그들은 그러한 업적을 세울 수 없었을 것이다. 그렇기에 그들 역시 많은 사람들과 토론하고 제자를 양성하는 데 소홀하지 않았던 것이리라. 베르누이가 오일러에게, 또 오일러가 라그랑주에게 그러했듯이. 이 점을 받아들이지 못한다면, 혼자 힘으로 과학의 길을 가고자 한다면, 얼마 가지 못해 제풀에 지쳐 쓰러지게 될 것이다. 내가 생각하지 못한 것을 생각해 내는 사람이 있는 법이고 또 다른 사람이 생각하지 못한 것을 내가 생각해 낼 수도 있는 것이다.

두 번째로 과학적 업적이 하루아침에 이루어지지 않는다는 것을 인지해야 한다. 대부분의 과학적 업적은 생각해 내기도 어려울 뿐더러 그

것을 증명하는 데는 수많은 노력과 탐구가 필요하다. 그렇지 않다면 그 것을 어찌 업적이라 칭할 수 있겠는가. 그렇기에 단기간에 그러한 과정을 해내고자 마음먹는다면 실망에 실망을 거듭할 것이 분명하고 금방 포기하게 될 것이다. 다른 사람들이 만들어 낸 정리를 가지고 문제를 푸는 것은 쉬울 수 있지만 그러한 정리를 만들어 내는 것은 다른 차원의 문제다. 언제나 장기적인 안목을 가지고 오랜 시간을 투자해야 하고 그 시간 동안에 목표 의식이 흐려지는 것을 경계해야 할 것이다.

앤드루 와일즈가 처음 페르마의 마지막 정리를 본 것은 열 살 무렵이었고, 본격적으로 그 증명에 도전한 것은 삼십 대 중반에 이르러서였다. 그리고 그가 페르마의 마지막 정리를 최종적으로 증명해 낸 것은 그로부터 7년이 지나서이다. 이밖에도 여러 과학자들이 한 문제를 수년, 수십 년간 연구하여 해결해 내는 경우가 종종 있다. 또 100년이 넘는 시간 동안 사람들의 도전을 받았으나 아직도 해결되지 않은 문제도 있다. 그런데 단기간에 업적을 세우겠다는 생각은 지나치게 건방지지 않은가. 과학적 업적은 천재라고 불리는 사람들조차 쉽게 이루어 낼 수 없는 일이다.

또한 과학은 끊임없는 탐구에 의해서만 행해진다는 것을 알아야 할 것이다. 다른 사람의 발견이나 정리를 이용하기만 할 때가 아니라 스스로 새로운 지식을 만들 때 진정한 의미의 과학을 한다고 할 수 있다. 새로운 지식은 계속적으로 생각하고 자문하며 자신만의 길을 찾아야만 발견할 수 있다. 진정으로 궁금해하지 않는데 해답을 얻을 리가 없지 않은가. 대부분의 시간을 투자해 고민하고 일상생활에서도 생각을 멈추지 않아야 할 것이다. 아르키메데스(Archimedes)는 목욕을 하다 말고

욕조에서 뛰쳐나와 '유레카'를 외쳤다고 한다. 목욕을 하면서도 자신에게 주어진 문제에 대해 지속적으로 생각했기에 그런 발견을 할 수 있었던 것이다.

하나의 과학적 발견을 위해서는 수도 없는 생각과 통찰이 필요하다. 언제나 수많은 가능성을 생각하고 분석해야 한다. 또 한 번 연구한 현상을 다른 일에 적용시킬 수 있는지도 생각해야 할 것이다. 당연하게도 한 자연 현상은 다른 현상에 영향을 줄 수밖에 없다. 인간이 생태계에 영향을 미치듯이 모든 것은 각각 따로 동떨어져 있는 것이 아니라 공존하기 때문이다. 그렇기에 현상을 분석하는 데 그치지 말고 다른 현상과 연관 지어 생각하고 통합하는 능력을 길러야 한다. 이를 위해서는 지적 희열을 경험하는 것이 중요하다. 배움과 새로운 지식을 발견할 때의 희열을 느껴 본 사람은 그러한 희열을 다시 느끼고자 하기 마련이다. 그렇기 때문에 계속적으로 새로운 문제를 찾고 그 문제를 해결하기 위한 노력을 아끼지 않는다. 이런 지적 희열을 추구할 때 진정 과학에 대한 열정을 갖게 되고 과학자로서의 험난한 길을 걸을 원동력을 얻을 수 있다.

과학의 중립성, 과학자의 중립성

과학에서 믿음을 논한다는 것이 모순처럼 느껴질 수 있지만 과학을 믿는 것은 중요하다. 과학은 언제나 좋은 것이다. 여기서 '좋다'는 것은 과학에 의해 만들어지는 부산물이나 연구 결과가 항상 도덕적으로 옳다는 의미가 아니다. 다만 과학 그 자체는 인간의 지적 호기심을 채워 주고 자연에 대한 이해를 높여 준다는 점에서 좋다는 뜻이다. 그렇기 때문에 과학적 지식을 탐구하는 것이 인류의 지적 수준을 높여 준다는 점을 인지하고 자신이 발견한 지식이 인류에 대한 공헌임을 자랑스럽게 생각해야 한다. 과학에 도덕적 잣대를 들이댈 수는 없다. 도덕적 판단은 인간의 행위에 적용되는 것이지, 지식에 적용되는 것이 아니다. 지식은 언제나 지식 그 자체만으로 의미가 있다. 또 과학의 부산물 역시 인류에 나쁜 영향을 끼친다고만 볼 수도 없다. 과학에 의해 무기나 전쟁 기술이 발전하고 환경오염을 가속화한다고 말하는 사람들이 있다. 하지만 동시에 그와 동일한 기술이 인공위성을 띄우고 통신을 용이하게 하며 오염된 환경을 정화하는 데 쓰일 수 있다.

과학은 중립적 위치에 있는 양날의 검이다. 따라서 그것을 사용하는 인류의 판단에 의해서 좋게도, 나쁘게도 사용될 수 있다. 원자폭탄이 많은 사람을 죽음에 이르게 했지만 동시에 원자력 발전으로 얻는 혜택 또한 크다. 군사 기술에서 발전된 우주 탐사 기술로 우리는 우주에 대해 더 잘 이해할 수 있게 되었고 다른 행성을 탐사할 수도 있게 되었다. 하늘을 날고 심해를 탐험하는 등 상상 속에서나 가능했을 일들을 실현시킨 것은 오직 과학만이 갖는 힘이다. 이렇게 과학이 인류에 도움을 준다는 것 그리고 자신이 그 과정의 일부라는 것을 믿어야 한다.

과학을 연구함에 있어서 다른 목적이 아니라 오직 자연을 조금이라도 더 이해하기 위해서라는 자세를 취해야 한다. 그것이 아니라 다른 목적을 위해 과학을 연구하게 되면 얻어 낸 지식이 오용될 수 있음은 물론이고 지식의 깊이가 얕아진다. 그 목적을 위해 맹목적으로 생각하게 되면 지식의 다른 점에 대해 생각하기 어려워지기 때문이다. 현상에 대해 더 잘 이해하기 위해서는 그 현상에 대한 궁금증만으로 탐구하는 것이 바람직하다. 이유가 밝혀지지 않은 자연 현상을 앞에 두고 지적 호기심 말고 무엇을 갖겠는가. 내가 그 현상을 이해하는 것을 최우선으로 생각하고 그것을 추구해야 한다. 등잔 밑이 어둡다는 말처럼 지식의 한 부분만 보고 지나갈 경우 그 지식의 다른 면은 오히려 새로운 지식보다 찾아내기 어려울지도 모른다. 알고 있다고 생각되는 일이라 하더라도 그 속에 내가 몰랐던 다른 지식이 숨어 있을 수 있다. 그런 것들을 놓쳐 버리지 않으려면 다른 생각은 버리고 오로지 과학을 한다는 생각만으로 임해야 할 것이다.

에라토스테네스는 지구의 둘레를 재겠다는 일념 하나로 시에네에서 알렉산드리아까지 900킬로미터에 이르는 거리를 여행했다. 지구의 둘레를 측정하는 것이 그에게 어떤 도움이 되었을까? 아마도 지구의 둘레를 알았다는 그 기쁨 말고는 없었으리라. 그가 다른 목적을 가지고 있었더라면 그는 아마 굳이 지구의 둘레를 측정하고자 하지는 않았을 것이다. 오직 지적 호기심만을 가지고 오랜 여행을 했던 것이다. 이처럼 자연을 더 이해하기 위해, 자신의 호기심을 채우기 위해서 몰두할 때 진정 과학적 발견을 할 수 있다.

자신에 대한 믿음

앞에 과학자로서의 다양한 자세를 서술했지만 가장 중요한 것은 자기 자신을 믿는 것이다. 자신이 과학에, 세상에 기여할 정도로 뛰어난 능력을 갖지 못했다고 생각해서는 안 된다. 자신을 믿지 못하는 사람은 아무것도 이룰 수 없다. 사람은 누구나 시련을 겪고 그 시련을 이겨 내면서 성장한다. 모든 일이 일사천리로 진행되는 것은 영화에나 있는 일이다. 그런데 벽에 가로막혔다고 해서 더 이상 해낼 수 없다고 생각하는 것은 그저 어리석음에 지나지 않는다. 어떤 이가 자신의 능력에 대해 무한한 자신감을 가지고 있겠는가. 위대한 과학자들 역시 과학을 연구하는 과정에서 수많은 장애물을 만나기 마련이다. 그 과정에서 대부분 자신의 능력이 불충분하다고 생각하게 되는데 이것은 매우 정상적인 일이다. 중요한 것은 포기하지 않는 것이다. 자신의 능력이 부족하면 더더욱 노력하면 될 일이다.

포기하지 않고 계속 노력하고 온 힘을 다해 생각하는 사람만이 뛰어난 과학자가 될 수 있다. 앤드루 와일즈와 같은 위대한 수학자도 자신의 지식이 얕다고 생각하여 페르마의 마지막 정리를 증명하는 것을 포기한 적도 있다. 심지어 그의 지도 교수조차 그것을 증명하는 것이 불가능해 보인다고 했을 정도였으니 말이다. 그러나 그는 모두가 불가능하다고 생각한 그 증명을 해냈다. 물론 그 길이 순탄하지는 않았다. 6년에 걸쳐 첫 증명을 정리하고 발표했으나 얼마 가지 않아 증명의 한 부분에 오류가 있다는 것이 드러났다. 그 후 1년 이상을 그 오류를

페르마의 마지막 정리.

고치기 위해 보냈다. 그는 거의 포기하기 직전까지 갔으나 그때 오류를 피할 방법을 찾아냈다고 한다.

이렇듯 누구나 자신의 능력을 과소평가하고 불가능하다고 생각할 수 있다. 하지만 그럴 때일수록 더 노력하고 고민한다면 그 결과를 볼 수 있을 것이다. 큰 벽에 가로막혔을 때가 오히려 기회가 될 수 있다는 뜻이다. 큰 난관을 넘어선다면 더욱 큰 기쁨을, 성취감을 느낄 수 있다. 우리가 아는 모든 위대한 과학자들 역시 이런 난관을 넘어섰기 때문에 과학사에 남을 업적을 세울 수 있었던 것이다. 이들이 모두 선천적으로 뛰어났기 때문에 그런 일을 해낸 것은 아니다. 끊임없는 노력 없이는 아무리 뛰어난 사람도 위대해질 수 없다.

또한 더욱 중요한 것은 자기 스스로가 위대한 사람이 되는 것이 아니라 과학을 함으로써 인류에 공헌한다는 자세를 가져야 한다. 모든 사람이 역사에 이름을 남길 수 없듯 과학적 업적이라는 것도 아무나 이뤄 낼 수는 없다. 허나 다른 사람들이 그런 위대한 업적을 이룰 수 있도록 돕는 것, 그 업적을 다른 사람에게 가르치는 것 또한 똑같이 가치 있는 일이다.

끝으로 과학이 인류의 발전에 크게 기여할 수 있었던 것은 수많은 과학자들의 순수한 열정과 지적 호기심 덕분이었다. 새로운 지식을 끊임없이 열망하고 알려지지 않은 것들을 알아 가기 위해 노력했기 때문이다. 모르는 것을 알아 가는 과정에서 희열을 느끼고 또 그것을 알아 냄으로써 자신의 지식이 풍부해지는 것을 즐기는 그 마음가짐이 있었기 때문이다. 이러한 열정은 이성에 의해 나오는 것이 아니다. 그러한 지적 열망은 현실적인 이득과 이성적인 사고가 아니라 마음에서 우러

나오는 것이다. 소위 잘나가는, 돈을 많이 버는 직업을 갖고 편하게 살고자 하는 것이 아니라 자신이 진정 궁금해하는 것들을 알아 가고 새로운 것을 만들어 냄으로써 느끼는 기쁨을 추구하는 마음 말이다. 아주 순수하고 본질적인, 인간의 근본적인 지식에 대한 열정, 이런 열정이 있지 않고서야 어떻게 과학을 연구할 수 있겠나.

그러한 열정 없이 그저 자신의 지적 수준을 과시하는 사람들은 결코 위대한 사람이 될 수 없다. 그런 사람들은 더 나아가려 하지 않기 때문이다. 이미 다른 사람들이 발견해 낸 것을 이해하는 것에 만족하고 새로운 것을 이루려는 생각을 하지 않는다. 자신에게 무엇이 이득인지 계산하고 그것만을 추구하기 때문에, 인간의 본성적인 호기심을 채우고자 하지 않기 때문에 자연에 대해 이해하려는 노력보다는 자신의 부와 명예를 축적하기 위해서만 행동하기 마련이다.

따라서 우리는 이런 계산적인 생각을 지양하고 본능적인 열정을 가지고 과학에 임해야 한다. 그런 사람만이 진짜 과학을 행할 수 있으며 새로운 지식을 발견하고 그를 통해 다른 사람들을 감명시키고 깨우칠 수 있다. 그런 열정을 가지고 그것이 식지 않도록 언제나 노력해야 한다. 이런 열정적 자세를 가지고 끝없이 노력한다면 선대의 위대한 과학자들 그리고 역사에 이름이 남지는 못했지만 인류에 공헌한 수많은 사람들처럼 바람직한 과학자가 될 수 있으리라.

학부생의 스승이 되어 주세요

수리과학과 09 고은영

연구와 강의, 두 마리 토끼

얼마 전, 학내 커뮤니티의 익명 게시판에 한 학우가 교수님이 강의 준비를 소홀히 한다며 불만 섞인 글을 올려 큰 화제가 되었다. 그 글의 댓글에서 교수님이 수업을 열심히 준비하는 것이 당연하다고 생각하는 학생들과 당연하지 않다고 생각하는 학생들이 첨예하게 대립했다. 수업도 교수님의 업무에 포함되므로 열심히 준비해야 한다는 의견과 교수의 주된 업무는 연구이고 연구로 바쁜 교수님들이 수업의 질까지 신경 쓰는 것은 무리라는 의견이 있었다. 교수의 역할 중 어디에 비중을 두느냐에 따라 서로 다른 판단을 내릴 수 있기에 결국 양쪽의 의견이 합의되지 못한 채 논쟁이 끝나게 되었다.

대학이 교수에게 요구하는 역할은 크게 두 가지이다. 하나는 연구 업적을 쌓는 연구자의 역할이고 또 하나는 후학을 양성하는 스승의 역할이다. 하나의 학문을 산으로 비교한다면 연구자로서의 교수는 돌덩이를 지고 산에 올라 정상에 돌덩이를 얹음으로써 산을 더 높게 만들어야 하고, 그와 동시에 스승으로서 다음 사람들이 정상까지 올라올 수 있도록 등산로를 만들어야 하는 셈이다. 둘 중 어느 것도 쉬운 일이 아니기에 두 역할을 모두 완벽하게 소화하기란 불가능에 가깝다.

확실한 것은 카이스트의 교수님들은 각 분야의 최첨단에서 훌륭한 연구 성과를 내고 있다는 사실이다. 카이스트는 연구 중심 대학으로, 교수 혹은 연구원이 연구 성과를 내는 것을 중요하게 여긴다. 국내 타 대학교와 비교하여 연구를 위한 제도적·재정적 지원이 원활히 이루어지는 시스템을 가지고 있고 이러한 환경에서 교수 혹은 연구원이 내는 연구 성과는 성과 보수나 인사에 큰 영향을 준다고 알려져 있다. 그 까닭에 대부분의 카이스트 교수와 대학원생 들은 다른 활동이나 여가를 포기하고 연구에 매진한다. 24시간 불이 꺼지지 않는 연구실이 많다는 것은 익히 알려진 사실이다.

그러나 이토록 연구에 열성을 다하는 교수님들이 후학 양성, 특히나 학부 수업에 그만큼의 열정을 보이지 않는다는 점은 조금 안타깝다. 모든 교수님들이 학부 수업에 무관심하다는 뜻은 아니다. 오히려 대다수의 교수님들이 열성을 다해 수업에 임하고 있다. 그러나 각 분야에서 최고라 할 만한 연구 업적을 이룬 교수님들 몇몇은 정작 학부 수업에서는 몇 년째 같은 수업 자료를 쓰고, 거의 같은 시험 문제를 내는 것을 심심치 않게 볼 수 있다. 교수님들이 연구와 대학원생 지도만으로도 눈코 뜰 새 없이 바쁘다는 것은 알고 있다. 그럼에도 불구하고 학문을 탐색하기 시작한 학부 학생의 입장에서는 그러한 교수님들의 모습이 섭섭하게 느껴지기도 한다.

학부 학생이 수업에서 보는 교수님들의 모습은 그 학생이 학문에 애정을 가지고 올바른 탐구 자세를 지니게 되는가를 결정하는 가장 중요한 요인이다. 그러나 상당수의 교수님이 이러한 사실을 모르는 듯 수업을 진행하곤 한다. 마치 '의무 사항'을 이행하는 것처럼 말이다. 이 글의 제목에서처럼 학부생은 스승이 필요하다. 열정과 애정을 가지고 우리를 가르칠 교수님이 꼭 필요하다. 이 글에서는 내가 2학년 때 수강했던 수학과 신수진 교수님의 '해석학' 수업을 통해 교수님의 수업에 대한 열정이 학생에게 얼마나 큰 영향을 미치는지 이야기해 보려고 한다.

수학과의 필수 과목, '해석학'

수학을 공부하는 사람들에게 요구되는 가장 중요한 것은 논리적으로 생각하는 능력이다. 수학은 시간이 지나도 변하지 않는 진리에 대해 탐구한다. 물리학·화학·생물학 등에서의 발견은 시간이 지남에 따라 번복되곤 하지만 수학은 그렇지 않다. 관찰이 아닌 논리적 사고에 기반을 두기 때문이다. 그러나 수학이라는 학문은 견고한 만큼 쌓아 올리기 어려운 학문이다. 가설과 실험을 통한 검증이 아닌 논리로만 쌓아 올릴 수 있기 때문이다. 그렇기에 수학 공부를 시작한 학부 2학년 학생들은 논리적으로 생각하는 힘을 기르기 위해 있는 힘껏 노력해야 한다.

해석학은 수학 전공의 가장 기초가 되는 과목으로 매년 수학과에 진학하는 90여 명의 학생들이 수강한다. 카이스트 수학과 이수 요건에는 따로 지정된 전공 필수 과목이 없지만 해석학은 수학을 전공하는 학생이라면 누구나 수강하는 '비공식적 전공 필수 과목'인 셈이다. 수학과 2학년 학생들은 보통 전공 공부를 시작함과 동시에 해석학을 듣게 되는데, 해석학 수업을 들으며 수학에서 많이 쓰이는 기본적인 정의와 정리 들을 배운다.

학기마다 보통 두 명의 교수님이 해석학 수업을 한다. 그중에서도 신수진 교수님의 해석학 수업은 '수학과 기초 과목'으로써의 역할을 톡톡히 한다. 앞서 말했듯이 수학을 공부하는 데 있어서 가장 중요한 능력은 논리적으로 생각하는 것인데 신 교수님의 수업에서 학생들은 논리적으로 생각하지 않고는 살아남을 수 없기(?) 때문이다. 겉핥기식 공부로는 풀 수 없는 퀴즈와 시험 문제를 내고 각 학생의 답안을 보며 논리적 흐름에 문제가 없는지 확인해 준다. 신 교수님의 해석학 수업, 일명 '신석학'이 어떠한 방식으로 학생들을 성장하게 하는지 좀 더 자세히 살펴보자.

'신석학'의 특별함

신석학을 수강하는 학생들이 가장 처음 맞는 난관은 바로 퀴즈이다. 수강생들은 매주 10문항짜리 퀴즈를 푸는데 10점 만점인 퀴즈의 평균 점수는 일반적으로 2점 내외로 매우 낮다. 각 문항은 해석학에 관련된 명제인데 학생이 생각하기에 명제가 참이라고 생각하면 T, 명제가 거짓이라고 생각하면 F라고 답을 써 내면 된다. 맞으면 1점, 틀리면 −1점으로 처리하기 때문에 꽤 많은 학생이 0점보다 낮은 점수를 받기도 한다. 퀴즈를 통해 학생들이 얻는 교훈은 어렴풋이 아는 것은 아무것도 모르는 것만도 못하다는 사실이다. 논리적 사고가 전부인 수학에서 논리에 기초하지 않은 채 답을 내는 것을 막으려는 신 교수님의 의도가 채점 방식에 고스란히 반영되어 있는 것이다. 퀴즈를 풀지 않아도 0점이라는 것을 고려하면 열심히 공부하고 답을 써낸 학생이 그보다 낮은 점수를 받는다는 것은 억울하게 느껴지기도 하지만 어쩌겠는가. 더 열심히 공부해서 정확하게 사고하는 수밖에.

신석학은 시험의 유형도 다른 과목과 다르다. 다른 수학 과목들의 시험 문제는 크게 두 가지 유형으로 분류된다. 한 가지 유형은 어떠한 정리를 증명하라는 것이고 다른 한 가지 유형은 수업 자료에 있는 정리를 이용하여 다른 응용 문제를 해결하라는 것이다. 그러나 신석학의 시험 문제는 다음과 같은 형식을 취한다.

'명제 A가 참인지 거짓인지 판별하고 그렇게 판단한 결과를 증명하시오. 단, 그 결과를 증명하는 과정에서 쓰인 정리가 있다면 그 정리도 증명하시오.'

주어진 명제가 참인지 아닌지 판별하기 위해 필요한 정리들을 스스로 알아내고 그 정리까지 증명하라니. 시험을 치르는 학생의 입장에서는 난해하기 그지없는 문제 유형이다. 수업 자료를 이해하고 그 내용의 유기적 연관성을 온전히 이해하지 못한다면 답안 작성을 시작하지도 못하게 되는 것이다.

신 교수님의 후학 양성에 대한 열정은 시험이나 퀴즈가 치러진 이

후에 더 빛을 발한다. 신석학 시험은 보통 저녁 7시쯤 시작하는데 끝나는 시간에 제한이 없고 자신이 만족할 만한 답안을 작성한 학생은 언제든 나갈 수 있다. 앞서 말한 독특한 시험 유형 덕분에 다수의 학생이 6~7장의 B4 용지에 빽빽하게 답안을 작성하며 새벽 한두 시까지 시험 장소를 떠나지 않기도 한다. 일주일 정도 후에 받게 되는 답안지에는 빨간 펜으로 여러 군데 첨삭이 되어 있는데, 신수진 교수님과 조교님이 학생들의 답안을 꼼꼼히 읽고 그 안에 있는 논리적 결함들을 짚어 준 흔적이다.

신석학을 수강하는 학생들은 이러한 교수님의 관심 덕분에 논리적으로 생각하는 능력을 한껏 키울 수 있다. 자신이 아는 것과 모르는 것을 구별하는 법, 가장 작은 정의에서부터 논리를 쌓아 하나의 큰 정리를 증명하는 능력, 논리적으로 자기 생각을 서술하는 법에 대해 한 학기 동안 집중 훈련을 받는 셈이다. 수학을 공부하기 시작한 학생으로서 연마해야 할 능력이 무엇인지 알고 그것을 키워 주기 위해 많은 시간을 할애하는 신 교수님한테 감사해야 할 일이다. 물론 신석학을 한 학기 동안 무사히 수강하기 위해서는 학생들도 피나는 노력을 해야 한다. 함께 신석학을 수강했던 친구들 사이에 생기는 *끈끈한 동지애*는 보너스라고 해 두자.

'신석학'이 우리에게 남긴 것들

한 가지 말해 두고 싶은 점은 같은 해석학을 수강한 학생이라도 어떤 교수님한테 배웠느냐에 따라 이후 수학을 대하는 자세나 어려운 문제에 맞서는 맷집에서 차이가 난다. 신석학의 악명(?)에 지레 겁을 먹고 다른 해석학 수업을 들었던 동기 중 일부는 얼마 후 아직 증명의 논리를 세우는 데 익숙하지 않은 것 같다며 스스로 신석학을 찾아 듣기도 한다. 신 교수님의 수업 방식이 학생들의 논리력과 수학을 바라보는 태도에 큰 영향을 끼친다는 것을 방증하는 셈이다. 요즘에도 신 교수님의 해석학과 다른 교수님의 해석학 중에 어떤 걸 수강하면 좋겠냐는 후배들의 질문에 나는 이렇게 대답한다.

"수학을 제대로 공부하고 싶으면 신수진 교수님 수업을 들어. 대신 고생 좀 해야 할 거야."

교수님들한텐 학부 강의가 하나의 의무 사항에 불과할지 모르지만 학부생들에게는 매우 중요한 의미가 있다. 그 과목이 저학년들이 듣는 것이거나 학문의 기초가 되는 과목일 경우엔 더더욱 그러하다. 수학과 학생들에게 신석학이 미치는 영향을 보면 알 수 있듯이, 그 수업을 학문의 출발점으로 삼는 학생들에게 교수님의 수업 방식이 끼치는 영향은 매우 크다. 어떤 교수님에게 어떤 방식으로 배웠느냐에 따라 그 분야에 대한 관심도가 변하고, 어떤 교수님에게 전공 기초 과목을 배웠느냐에 따라 이후 3~4년간 전공에 대한 이해도가 크게 달라지기 때문이다.

많은 수학과 학생들이 가장 기억에 남는 과목으로 신석학을 꼽는다. 나도 4년간 150학점에 이르는 많은 과목을 들었지만 가장 기억에 남는 과목은 역시나 신석학이었다. 수학을 공부하는 법을, 수학을 다루는 자세를 가장 혹독하게 배울 수 있었던 과목이었기 때문이다. 그리고 수업을 통해 제자들에게 진심으로 도움을 주고 싶어 하는 교수님의 마음이 와 닿았기 때문이다. 우연히 학교에서 신 교수님을 마주치면 반가운 마음에 큰 소리로 인사를 드린다. 교수님이 내 이름을 기억하는지는 모르겠지만 인사를 드릴 때면 웃는 얼굴로 요즘은 어떤 공부를 하고 있는지 묻곤 한다. 가르친 지 4년이나 된, 100여 명의 수강생 중 한 명이었을 뿐인 나에게 애정 어린 질문을 해 줄 때면 교수님이 진심으로 제자들을 대한다는 것이 느껴진다. 그리고 그럴 때마다 다시금 교수님한테 감사드린다.

학부 수업이 중요한 또 다른 이유

자신의 업적을 쌓는 것보다 자신의 분야를, 혹은 과학의 영역을 더 넓히는 데에 비중을 두는 것이 과학자로서의 올바른 자세라고 생각한다. 애정을 바탕으로 한 후학 양성은 학생뿐만 아니라 그 분야의 발전에도 큰 도움이 될 것이다. 수업을 통해 학문을 대하는 올바른 태도와 방법을 배운 학생은 몇 년 후에는 그 분야를 제대로 이해하는 대학원생이 될 것이고, 십여 년 후에는 어쩌면 그 분야에서 뛰어난 성과를 내는 연구자가 될지도 모르는 일이다. 어느 누가 학부 수업을 기준으로 연구 분야를 정하냐고 묻는다면, 많은 학생들이 실제로 그렇게 연구 분야를 정한다고 자신 있게 답할 수 있다. 교수님들이 연구로 바쁘더라도 학부 수업에 그리고 학부 학생에게 조금 더 관심을 준다면 많은 것이 달라질 것이다.

두 개의 산이 있다. 하나의 산에서 일하는 사람은 돌덩이를 지고 올라가는 것에 급급하여 등산로를 정비하지 못했다. 또 다른 산에서 일하는 사람은 돌덩이를 지고 올라가는 것만큼이나 등산로를 정비하는 일에 노력을 쏟았다. 처음에는 첫 번째 산의 정상이 더 빠른 속도로 높아졌다. 10년 후, 첫 번째 산에는 여전히 한 사람만이 돌덩이를 지고 정상으로 향하지만 두 번째 산에는 다섯 명의 사람이 돌덩이를 지고 정상으로 향한다. 함께 산을 오르는 많은 사람들이 있는 두 번째 산의 정상이 더 빠르게 높아지는 것은 당연한 일이다. 두 번째 산의 정상이 첫 번째 산보다 높아지는 것은 시간문제이다.

누군가에게 배우길
그리고 누군가가 배우길

생명과학과 12 어수경

2학년 봄, 나는 '생화학 I' 수업에서 조금 특이한 텀 프로젝트(term-project)를 하게 되었다. 리서처(Researcher)가 되어 있는 30년 후의 나에게 편지 쓰기. 기한은 한 달. 단, 편지에는 반드시 생물학적 질문과 그에 대한 나름의 답이 들어 있어야 한다는 게 텀 프로젝트의 내용이었다. 과제를 받았을 때 나는 물론이고 많은 수강생들이 비슷한 표정을 지었다. '이게 뭐지?'라고 말하는 것 같은 표정. 조금은 황당한 과제임이 분명했다. 초등학교, 중학교 국어 시간에 나오는 숙제도 아니고 대학교에서 그것도 전공과목의 프로젝트로 '미래의 나에게 편지 쓰기'라는 유치한 과제를 하게 될 줄이야. 하지만 그 유치하기 짝이 없다고 생각한 과제는 한 달 동안 나에게 많은 것을 느끼게 했다.

위인은 많지만 롤 모델은 없다?

편지를 쓰려고 펜을 잡았던 첫날, 가장 먼저 생각했던 것은 바로 '리서처 어수경은 어떤 모습일까?'였다. 생각을 거듭하던 나는 결국 펜을 내려놓았고 그날 내내 편지지에는 단 한 글자도 적히지 않았다. 그 편지에는 내가 바라는 미래의 모습이 담겨 있어야 했다. 그래서 나는 이상적인 과학도는 어떤 모습인지 떠올려봤지만 결국 답을 내리지 못했다. 나의 이상향, 내가 되고 싶은 과학자…… 분명 이러한 것들을 생각해 봤을 것이고 그랬기에 카이스트에 왔을 텐데 어째서인지 편지엔 그 어떤 것도 적을 수 없었다. 카이스트에 지원하던 고등학생 어수경, 과학자가 되고 싶다고 노래를 부르던 중학생 어수경, 초등학생 어수경은 어떤 과학자가 되고 싶었던 것일까?

다음 날부터 나는 계속해서 내가 어떤 과학자가 되고 싶어 했는지 생각했다. 하지만 롤 모델인 과학자가 없다 보니 '이런 과학자가 되고 싶다'라고 한마디로 정리하기가 힘들었다. 누군가는 과학을 하겠다는 사람이 롤 모델인 과학자 한 명이 없다는 사실에 놀랄지도 모르겠다. 위인전을 보면 아인슈타인, 뉴턴, 갈릴레이 등 존경할 만한 사람들의 이름이 잔뜩 적혀 있고 많은 사람들이 그들을 롤 모델로 삼고 있다. 나 역시 어릴 때 학교에서 존경하는 사람이 누군지 발표하라고 하면 당연하다는 듯이 그런 사람들의 이름을 말하곤 했지만, 그럼에도 불구하고 그들을 나의 롤 모델로 생각한 적은 단 한 번도 없었다. 나는 초등학생 때는 아인슈타인을 존경한다고 했고 과학 시간에 유전 파트를 처음 배웠을 땐 멘델의 천재성에 놀라며 그를 존경했다. 미적분을 배울 때는 뉴턴과 라이프니츠를 존경하기도 했다. 그들은 비상한 아이디어를 가지고 있었고 천재라는 말이 어울리는 사람들이었으며 그들의 업적 또한 대단한 것임은 분명하다. 그럼에도 그들을 내 롤 모델이라고 말할 수 없는 건 그들이 나에게 꿈을 준 사람들도 아니거니와, 나에게 실질적인 목표를 던져 준 적도 없기 때문이다.

과거의 나를 만나다

과거의 나는 무슨 생각을 했고, 어떤 과학자를 꿈꿨는지 궁금했다. 그래서 예전에 쓴 일기를 읽었고, SNS 포스팅을 살펴봤으며, 자기소개서를 읽었다. 한 자기소개서에는 '기준'이라고 말할 수 있는 사람, 바다 건너 대륙을 보는 사람이 되고 싶다고 쓰여 있었다. 또 다른 자기소개서에는 홍익인간 이념을 펼치는 과학자가 되고 싶다고 쓰여 있었다. 내가 쓴 글이었지만 도대체 뭐라고 하는 건지 알 수가 없었다. 결국 나는 자기소개서는 포기하고 일기장에 집중하기 시작했다. 고3 때 쓴 일기부터 차근차근 읽어 가던 나는 내 일기에서 한 가지 특징을 발견했다.

그 특징은 바로 '도전'과 '노력'이라는 단어가 굉장히 자주 나온다는 것이었다. 일기장 속의 나는 현실의 나에게 계속해서 '도전하라!', '노력하라!'라고 속삭였고 도전과 노력을 멈추지 않는 내 주변 사람들을 칭찬하며 본받자고 말하고 있었다. 내 스터디 플래너에는 '포기하지 않으면 실패하지 않는다.', '오늘 나의 목표는 어제의 나보다 1% 발전하기'

등 나를 격려하는 문구가 가득 적혀 있었다. 과거의 내 생각을 되짚어 가면 갈수록 나는 '도전'에 매우 목말라 있었고 '노력'을 정말 동경했다는 것을 느낄 수 있었다.

내 일기장에는 정말 많은 사람들의 이름이 등장했다. 중학생 때 영재 교육원에서 만난 친구, 고등학생 때 참가했던 캠프에서 만난 선배, 어느 생명과학 특강에서 만났던 같은 조 동생, 기숙사 룸메이트 등 내 주변에 있는 '열심히 사는' 모든 사람의 이름이 적혀 있었다. 생각해 보면 내 주변엔 언제나 잘나고 멋진 사람들이 많았다. 확실한 꿈을 가진 사람도 있었고, 나보다 100배는 더 노력하는 사람도 있었으며, 쉬지 않고 새로운 것들에 도전하는 사람도 있었다. 그들에게는 배울 점이 참 많았는데 나는 그들을 뛰어넘기 위해 노력해 왔다. 언제나 나에게 목표를 심어 준 건 저 높은 곳이나 위인전 속에서 나를 내려다보는 사람들이 아닌, 내 옆에서 나와 함께 걸어가는 사람들이었다.

주위에서 배우다

이곳 카이스트에도 내게 자극을 주는 사람들이 정말 많다. 한번은 친구와 '왜 식물은 녹색광을 포기했는가?'에 대해서 토론을 했는데 나와 토론을 했던 그 친구는 전공이 생명과학이나 생명화학공학이 아닌 물리학이었다. 하지만 그 친구는 생명과학이 전공인 다른 사람들 못지않게 박식한 생물학적 지식을 바탕으로 논제에 대해 많은 해석을 내놓았다. 그 친구는 전공에만 얽매이지 않고 폭넓은 공부를 하는 멋진 친구였다. 나는 지금도 그 친구를 볼 때마다 내 스스로 시야를 좁히고 있는 건 아닌지 반성하곤 한다.

또 다른 친구는 3학년 봄 학기를 마치고 군대에 갔다. 이 친구도 나처럼 진로에 대해 고민하고 있었는데 생각을 정리하기 위해 군대에 가겠다고 선언하고는 한 달 만에 입대해 버렸다. 그리고 얼마 전에 휴가를 나와서는 유학을 가겠다고 말했다. 자기가 연구하고 싶은 분야가 어떤 것인지 잔뜩 들떠서 설명하는 친구의 얼굴에서 나는 그 친구가 얼마나 많은 고민을 했고 얼마나 큰 결심을 했는지 느낄 수 있었다. 그의 지도 교수님은 친구의 그런 결심을 듣고 이렇게 말했다고 한다.

"네가 그 분야를 연구하겠다고 해서 정말 기쁘다. 하지만 나는 내 제자가 그런 길을 가는 게 반갑지만은 않다. 정말 힘들 것이다. 잘 견디길 바란다."

아직 연구가 활발히 진행되고 있지 않은 분야라 연구 환경이 좋지 않을 거라는 걱정이었다. 그럼에도 그 친구는 그 길을 가기로 결심했다. 힘들 것은 각오하고 있으니 어서 제대해서 다시 공부하고 싶다고 말했다. 다른 분야보다 연구 환경이 좋지 않다는 이유로 진로에 대해 고민을 하고 있던 당시의 나와는 상반된 모습이었다. 그런 친구의 모습을 보자 가슴 한편이 아려왔다. 나는 언제 이렇게 열정을 잃어버린 걸까, 하는 생각에 부끄러운 마음이 들었다. 그리고 그날 이후 나의 진로 고민은 연구 환경이 아닌 '내가 연구하고 싶은 것'으로 초점이 옮겨졌다.

이렇게 나는 내 옆의 많은 사람들에게서 배우고 반성하며 발전해 왔다. 이 사람들이 없었다면 나는 절대 여기까지 오지 못했을 것이다. 나에게 움직일 힘을 주는 건 유명한 과학자나 위인들이 아닌 바로 내 옆에 있는, 나에게 '열정은 이런 것이다!'를 보여 주는 사람들이었다. 그리고 나는 앞으로도 이 사람들 옆에서 더 많은 것들을 배우고 내가 더 많이 발전할 수 있기를 바란다.

누군가에게 배우길 그리고 누군가가 배우길

여기까지 생각이 미치자 그제야 나는 내가 바랐던 미래의 내 모습이, 내가 꿈꿨던 과학도 어수경의 모습이 생각났다. 그래, 나는 '기준!'이라고 말할 수 있는 사람이 되고 싶었다. 눈앞의 파도가 아닌 바다 건너 대륙을 보는 사람이 되고 싶었다. 끊임없이 노력하는 사람이 되고 싶었다. 포기하지 않는 사람이 되고 싶었다. 내가 주변 사람들에게서 많은 것을 느끼고 배우듯이, 다른 사람들도 나를 보며 무언가 하나쯤은 배울 수 있기를 바랐다. 내가 그럴 만한 사람이 되기를 바랐다. 그리고 그런 사람이 되기 위해 꾸준히 노력했다. 결국 나의 롤 모델은 아인슈타인도, 멘델도, 라이프니츠도 아닌 내 옆의 모든 사람들이었다.

그렇게 많은 시간을 고민하고 생각한 끝에, 나는 51세의 리서처 어수경을 이런 사람으로 설정했다.

면역학(Immunology)의 대가, 레트로바이러스(Retrovirus)에 정통한 사람, 생명과학은 물론 화학·물리학·역사 등 분야를 막론하고 끊임없이 공부하는 사람, 주변 사람들에게서 항상 장점을 보는 사람 그리고 그 사람들과 협력하고 경쟁하며 함께 발전해 나가는 사람.

편지에는 참 많은 이야기들이 담겼다. 나의 고민과 상처, 좌절, 나의 노력과 도전 그리고 목표까지. 그 안에는 지난 시간 동안 나를 아프게 했던 것들이 있었고 나를 붙잡아 줬던 것들도 있었다. 또 나의 꿈도 있었다. 21세의 대학생 어수경은 51세의 어수경에게 자신의 이야기들을 가감 없이 풀어냈다. 고등학생 때까지만 해도 확고했던 꿈이 대학에 와서 흔들리기 시작했다는 이야기, 전공이 정말 재밌어서 과학을 공부하길 잘했다고 생각한다는 이야기, 백신과 레트로바이러스와 면역학에 관심을 갖게 된 이야기, 카이스트의 학업 로드를 따라가기 힘들어서 솔직히 지쳐 간다는 이야기, 자신감을 잃어 간다는 이야기, 그럼에도 스스로를 다잡을 수 있는 이유 등 지난 1년 반 동안 내 머릿속을 온통 헤집어 놓았던 많은 것들을 쏟아 냈다. 나의 속마음을 드러내기 시작하자 편지는 더 이상 과제가 아닌 스스로에게 하는 고해성사가 되었고 현재의 내가 미래의 나에게 하는 고민 상담이 되었다.

한 달이 지났고 나는 편지를 제출했다.

편지 쓰기 과제는 내 마음속에서 작은 돌멩이가 되어 날아왔고 수면에 몇 개의 동심원을 그려 놓았다. 그 편지는 어쩌면 스스로에게 하는 다짐이었을지도 모른다. 비록 지금 나의 꿈이 방황하고 있을지라도, 자신감을 많이 잃었을지라도, 나는 과학도의 길을 갈 것이고 그 길 위에서 내가 할 수 있는 모든 것들을 하며 나의 꿈에 다가가기 위해 노력하겠다는 그런 다짐.

팀 프로젝트가 끝난 지 1년이 지났지만 나는 아직도 종종 51세의 리서처 어수경은 어떤 모습일지 상상하곤 한다. 그리고 참 재밌게도, 상상할 때마다 그녀의 모습은 조금씩 달라져 있다. 결국 나의 목표는 아직까지도 변하고 있다는 것이고, 나의 꿈은 계속해서 방황하고 있다는 것이다. 하지만 예전에는 불안했을 이 상황이 마냥 싫지만은 않다. 내가 좋아하는 웹툰에 이런 대사가 나온다.

나의 꿈은 또 방황하고 있지만 분명 괜찮을 것이다.
나는 또 상황에 맞게 꿈꿀 것이고 그 꿈을 위해 노력할 테니까.
꿈은 나를 배신할지라도 노력은 언제나 내 편이니까.

내 꿈은 어쩌면 앞으로 10년, 20년은 더 방황할지도 모르겠다. 하지만 나는 괜찮을 것이다. 나는 특별히 노력하는 특별한 사람이 되어 도망가는 꿈을 잡기 위해 계속해서 달려갈 것이고 그런 내 옆에는 항상 좋은 사람들이 있을 것이다. 그 사람들은 내가 끝까지 달려갈 수 있는 힘을 줄 것이고, 또 누군가는 그렇게 계속해서 달려가는 나를 보며 힘을 얻을지도 모른다. 나는 계속해서 누군가에게 무언가를 배울 테고 그 누군가도 나에게서 무언가를 배우길 진심으로 바란다.

분명 51세의 과학도 어수경은 그런 사람이 되어 있을 것이다. 수많은 좋은 사람들 옆에서 평생 그들에게 배우고, 서로 경쟁하고, 협력하며 함께 발전해 나가는 사람. 나는 그런 과학도가 되어 앞으로를 살아갈 것이다.

과학자가 또 하나 연구해야 할 것

화학과 11 강덕희

나의 관심사는 무엇일까?

오랜만에 친구를 만났다. 우연히 식당에서 만났는데 밥때를 놓쳤단다. 헝클어진 곱슬머리와 검은 뿔테 안경은 그대로지만 옷매무새는 챙기지 않았는지 전체적으로 후줄근하다. 낯빛은 옛날보다 어두웠다. 기분이 안 좋거나 걱정이 많아서 얼굴이 어두운 게 아니라 그냥 아예 어두워졌다. 미백 화장품 같은 걸 바르는 애도 아니었다. 만나서 이야기 나누는 것은 예전처럼 즐거웠다. 서로의 근황을 묻다 보니 시간이 가는 줄도 몰랐다. 근데 이 녀석, 냄새가 확실히 달라졌다. 안 씻어서 나는 냄새가 아니다. 이제 애한테도 석사 냄새가 나기 시작한 것이다.

이 친구는 같은 과 동기이다. 나는 과학고 3년을 졸업했고 이 친구는 2년 조기 졸업생이라 나보다 한 살이 어리다. 과 활동을 거의 하지 않던 나에게 이 친구는 정말 몇 없는 과 인맥 중 한 명이다. 내가 새터 반 친구에게 과에 친구가 없어서 서럽다며 징징댔더니 이 친구를 소개해 줬다. 만나 보니 재밌고 성격도 잘 맞아서 아직까지 잘 알고 지낸다. 이 녀석이랑 3년 내내 전공 수업을 같이 들을까 했는데 신기하게도 이 친구는 조기 졸업을 생각하고 있었다. 그래서 같이 수업을 못 들을 것 같다고 했다. 나는 그냥 우리 사이가 어색해서 그런 줄 알았다. 이 친구는 나 말고도 친구가 많았으니까. 그런데 정말로 일찍 졸업해 버렸다. 나는 아직 4학년이고 이 친구는 나보다 2년 앞서 가는 중이다.

친구가 본격적으로 석사 생활을 한 건 두 달 남짓. 이 생활이 꽤나 즐겁나 보다. 친구는 본인의 페이스북 페이지에 연구실에서 찍은 사진을 떡하니 올려놓았다. 전공 관련 서적이 가지런히 쌓여 있는 본인 책상에 살짝 기대서 야망에 찬 과학자 같은 표정을 하고 있다. 그 사진은 '나는 과학을 하는 사람이야. 내 자신이 아주 자랑스러워.'라고 말하는 그를 상상하게 한다. 더 놀라운 사실이 있다. 이 친구는 페이스북에서도 과학을 한다. 연구에 관련해서 서로 질문과 답을 하고 머리를 맞대어 해답을 찾는 페이스북 그룹 스터디에 가입도 했다. 그 그룹 스터디는 우리 학교 사람들뿐만 아니라 일면식도 없는 전 세계 사람들이 함께한다. 가끔 내 뉴스피드에 올라오는 그 친구의 난해한 질문과 풀이를 보면 도무지 이해할 수가 없다. 사실 이해하려고 제대로 시도해 본 적도 없다.

다들 알다시피 각 학과에는 전공 필수 과목이 존재한다. 그 친구가 들은 과목은 나도 들었다. 다시 말하면, 그 친구가 페이스북에 올리는 풀이는 다 내가 이해할 수 있는 것이다. 하지만 나는 금세 내 머릿속에서 그 과목을 먼지떨이로 탈탈 털어 날려 버렸다. 그렇게 열심히 공부해 놓고 왜 다 날려 먹었냐고 물으면 대답은 딱 한 가지밖에 해 줄 수가 없다. 관심이 없으니까 잊어버린 거라고!

아까 말했듯이 나는 과학고를 3년 만에 졸업했다. 원래 과학고는 조기 졸업이 통상적인 경우다. 그런데 왜 난 조기 졸업을 못했을까? 역시 대답은 하나다. 관심이 없었으니까 졸업 못한 거다. 고등학교 2학년, 당시 나는 김연아의 극성팬이었다. 얼마 전에 소치 올림픽에서 은메달로 멋지게 장식하고 은퇴한 바로 그 김연아 맞다. 김연아 영상이라면 하루에 열 번도 넘게 계속 돌려 봤다. 그녀의 성장 배경, 슬럼프 극복 과정, 대인배 같은 면모를 알게 되니 참 멋지고 존경스러웠다. 그래서 관련 커뮤니티에도 가입했다.

커뮤니티에서 항상 사람들이 입에 거품을 물고 토론하는 주제가 하나 있다. 시간이 지나도 꾸준히 회자되는 주제, 그것은 바로 편파 판정이다. 나는 사람들이 편파 판정에 대해 설명하는 글을 이해하지 못했다. 그래서 궁금했다. 도대체 뭐가 잘못된 것인지. 그리고 그날 이후로 피겨에 대해 공부하기 시작했다. 점수 체계, 기술 이름, 피겨의 역사 등. 그리고 나도 토론자 중 한 명이 되었다. 나는 졸업보다 '김연아'에 더 관심이 많았던 것이다. 그리고 난 조기 졸업에 실패했다.

고등학교는 그랬다 쳐도 대학 때는 전공 공부에 관심을 가져야 하는 게 아닐까? 하지만 나는 대학생 때도 전공이 아닌 다른 데 더 관심이 많았다. 난 어려서부터 피아노를 쳤는데 초등학교 6년 동안 클래식 피아노를 배우고 그 이후 독학으로 재즈 피아노를 하고 있다. 학교에 입학하던 날, 새터 공연에서 재즈 및 창작곡 밴드 '창작동화'의 공연을 보고 오디션을 봤다. 사실 나는 고등학생 때 동아리 작곡부에서 활동도 했으니 나에겐 맞춤식 동아리였던 셈이다.

대학교 1학년 때는 연주 실력 향상보다 친구들과의 교제가 나의 관심사였다. 친구들과 야식도 먹고 밥도 먹고 술도 마셨다. 밴드에서는 욕을 먹었다. 그리고 대학교 2학년 때는 동아리가 나의 최대 관심사였다. 그래서 동아리 친구들과 야식도 먹고 밥도 먹고 술도 마셨다. 밴드에서는 더 이상 욕을 먹지 않았다. 이번엔 성적표가 나에게 욕을 했다. 이 관심사는 아직도 내게 영향을 주고 있다. 난 음악에 관심이 많다. 아직도 곡을 쓰고 연주를 하니까 말이다. 내 주변 사람들도 다 음악을 좋아하는 이들이다. 그들과 만나면 항상 음악에 대해 토론한다. 같이 곡작업도 하고 서로의 곡이나 공연에 대해 코멘트를 달기도 한다. 물론 그들과 야식, 밥, 술도 함께한다. 그러고 보니 야식, 밥, 술은 항상 나와 함께였다. 나의 관심사는 음악이 아니라 저 세 가지일까?

아무튼 그렇다. 음악에 관심이 많다 보니 음악 공부를 많이 했다. 그래서 음악 교양 성적은 늘 잘 받았다. 이번 학기는 전공 없이 교양 다섯 개를 듣는데 그중 세 과목이 음악 관련 교양이다. 음악 교양을 들을 수 있는 거의 마지막 기회라 그런 것도 있지만, 대학원 가기 전 바짝 성적 좀 올려 보려는 의도도 있다. 아, 그러고 보니 대학원 입학의 문턱에 와 있다.

연구실 생활이 어떤지 궁금해 개별 연구를 신청했다. 아침 10시 출근에 퇴근 시간은 정해져 있지 않다. 날마다 출근해서 하루 종일 실험을 한다. 연구 주제는 각자 다르겠지만 실험 방식은 같으니까 나에게 연구실 형, 누나 들 모두는 똑같은 일을 매일매일 하는 노동자처럼 보였다. 사수는 정말 실험을 열심히 했다. 새벽 3시에 퇴근하는 일도 적지 않았다. 2주 동안 그렇게 실험을 했는데 교수님한테 발표할 결과가 없다고 했다. 연구실 사람 다같게 저녁을 먹으면 꼭 실험 얘기를 한다. 밥 먹으면서까지 그 얘길 해야겠냐며 투덜대는 사람도 있다. 그런데 결국엔 실험 얘기를 안 할 수가 없나 보다.

연구실 사람들은 본인 연구가 최고의 관심거리이다. 그리고 나도 이제 그렇게 해야 한다. 왜냐하면 관심이 없으면 분명 실패할 테니까. 이는 내가 고등학생 때도, 대학생 때도 내내 느껴 왔던 것이다. 졸업에 관심이 없어서 졸업을 못했고, 피아노에 관심이 없어서 공연을 망쳤고, 공부에 관심이 없어서 학점을 잘 받지 못했다. 내 스스로 잘 알고 있듯이 난 이제 연구를 내 최고의 관심거리로 두어야 한다. 우리 동아리 선배 중 한 명은 석사를 하면서도 음악을 열심히 했다. 그리고 3년 만에 겨우 졸업했다. 이런 건 싫다.

연구에 아예 관심이 없었던 것은 아니다. 고등학교 3학년 때 한창 자기소개서를 쓸 때 우리 학교 여러 교수님의 연구에 대해 찾아보았다. 그 연구들이 세상을 어떻게 바꿀 수 있는지 알아보았고 그들을 동경했다. 가슴이 두근거렸다. 나도 연구로 좋은 성과를 내서 교수님들처럼 멋있는 사람이 되어야겠다고 마음먹었다. 이때 내가 하고 싶은 연구가 무엇인지도 알게 되었다. 하지만 나의 관심사 연표에서 '연구'와 '과학'은 돋보기로 봐야 할 정도이다. 너무 빨리 지나가 버려서 저 둘에게 할애하는 공간 자체가 낭비이기 때문이다.

나에 대한 연구

"야, 너는 언제부터 과학자가 되고 싶었냐? 언제부터 연구에 그렇게 관심이 많았어?"

나는 궁금해서 친구에게 물었다.

"태어날 때부터."

친구가 대답했다.

"앞도 못 보고 울 때부터 연구실에서 화학 실험이나 하고 싶었다고?"

"농담이지. 사실 중학생 때부터였어. 중학생 때 과학고 준비하면서 과학자가 되고 싶더라고. 고등학교, 대학교까지 그저 그거밖에 없었어. 과학자가 되는 것."

"넌 다른 관심거리 같은 거 없냐?"

"당연히 있지. 난 음악도 좋아하고 가사 쓰는 것도 좋아해. 요즘도 힙합이랑 덥스텝 음악들 달고 살아. 그리고 가사 쓰는 거 좋아해서 문학 동아리도 들었잖아."

그러고 보니 이 친구도 동아리를 참 많이 했었다. 언젠가는 컴퓨터로 작곡을 해 와서 직접 들려준 적도 있었다.

"근데 그런 것들에 안 휩쓸리고 여기까지 꾸준히도 왔네."

"왜, 형은 잘 휩쓸려?"

"내가 교양 다섯 개 듣는다고 말했잖아. 이거 마지막 발악이야."

"난 형처럼 그렇진 않은 듯하네. 형도 알다시피 나는 대학교 조기 졸업 하려고 3년 내내 달렸잖아."

"부럽다. 비법이 뭐야?"

"그건……."

친구와 인사를 하고 헤어졌다. 이 친구는 또 연구실로 가야 한단다. 사실은 밥때를 놓친 이유도 실험 때문이었는데 화학 반응이 일어나는 내내 지켜보고 있어야 하기 때문이란다. 하긴 내가 전공 실험 들을 때도 그랬었지. 한눈파는 동안 온도가 너무 상승해서 반응물들이 벽에 눌어붙거나 용암처럼 폭발한 적이 있었다. 그때 고생하던 장면들이 주마등처럼 스쳐 지나갔다.

생각해 보니 전공 공부를 하면서 재미있다고 느낀 적도 많았다. 나는 특히 과학자들이 자신의 생각을 증명하는 실험을 기발하게 고안해 낸 걸 볼 때가 가장 즐거웠다. 아! 사수가 실험하는 걸 옆에서 지켜볼 때도 그런 생각이 든 적이 있다. 연구는 이렇게 해 보고 실패하면 저렇게 해 보고도 실패하는 거라고 했다. 그런데 요롷게 해 봤을 때 결과가 조금이라도 나오면 한 걸음 더 나아갈 수 있는 거라고 했다. 개별 연구를 하면서 그런 장면을 두 번 정도 목격했는데 뿌듯하고 기뻤던 기억이 났다. 그리고 연구를 통해서 우리는 자유자재로 그 지식 혹은 증명을 마음껏 사용할 수 있다고 했다. 뭔가를 연구해서 조금씩 꿰뚫어 보게 되면 점점 그것을 조종할 수 있게 될 것이다.

방에 돌아와 랩탑을 켜고 고등학생 때 쓴 입시용 자기소개서를 다시 읽어 보았다. '자신의 성장 배경 및 앞으로의 계획을 서술하시오.' 이 질문 아래에는 이렇게 적혀 있다.

저는 어려서부터 자연에서 체험한 것이 많습니다. 친구들과 개울가에서 송사리도 잡아 봤고 우렁이와 다슬기를 채집하는 일도 많았습니다. 초등학생 때는 선생님과 함께 학교 근처 공원으로 탐사를 하러 가기도 했습니다. 선생님께서 고마리, 뱀풀, 쇠똥풀과 같은 식물들의 이름과 특성을 많이 가르쳐 주셨습니다. 이때 개구리 알과 도롱뇽 알의 차이도 자연스럽게 알게 되었습니다. 제비가 둥지를 트는 장면도, 거미가 먹이를 감싸는 모습도 직접 보았습니다. 문득 저는 이렇게 조그만 생물들이 자연에서 함께한다는 것 자체가 신기해졌습니다. 그리고 이들의 움직임 하나하나가 신기했습니다. 이렇게 직접 체험한 생물의 경이로움이 제가 그들에게서 해답을 찾을 수 있을 거라고 생각하게 하는 밑거름입니다. 생물체가 향후 제 연구에 길을 제시해 줄 거라는 확신이 있습니다.

　꽤나 막연한 자기소개서이지만 그래도 과학이 나의 관심사 중 하나였다는 걸 다시금 느낄 수 있었다. 중학생 때도 난 과학이 좋았다. 화학 반응식을 쓰는 것도, 물리 공식을 응용해서 문제를 푸는 것도 재미있었다. 책에 나온 별자리를 직접 관찰하는 것도 흥미로웠다. 고등학생 때도 과학 공부가 재미있었다. 과학자들이 찾아 놓은 것을 열심히 공부하면 새로운 것을 볼 수 있는 눈이 열릴 거라는 생각에 열심히 공부했다. 아, 그렇게 생각하니 과학은 나의 아주 큰 관심사 중 하나구나.

　문득 대학원에 진학해 꾸준히 연구를 하는 것도 나쁘지 않겠다는 생각이 들었다. 나는 어떤 환경이 주어지면 그 환경에 맞춰서 잘 적응해 왔다. 그리고 다른 사람들에게 입버릇처럼 말해 온 나의 성격 중 하나는, 한 번 시작하면 아까워서 포기를 못하는 것이다. 그렇다고 스트레스를 심하게 받는 것도 아니니 연구하기에는 아주 적절한 성격이 아닐까? 그리고 어렸을 때부터 차분하면서도 예리한 부모님 아래에서 자라 그 성격을 그대로 물려받은 것 같다. 이 정도면 나름은 괜찮은 과학자가 될 수 있을 것 같다. 예전부터 과학이 큰 관심사 중 하나이기도 했으니까!

　헷갈릴 수도 있겠다. 왜 내 생각이 이렇게 갑작스럽게 변했는지. 아니다. 이건 변한 게 아니라 변하게 만든 거다. 조종한 거다. 아, 석사 냄새가 풀풀 나던 그 친구의 대답은 이랬다.

　"나는 나 자신도 열심히 연구하고 있어."

이상한 오빠

산업및시스템공학과 10 박재은

'그'를 만나다

"수학이 여자보다 더 아름다워? 술보다 더 좋아?"

"당연하지."

내가 신입생 때 우리 새내기 배움터 반에는 이런 이상한 오빠가 한 명 있었다. 지금부터 내가 여태껏 본 사람들 중에 가장 이해할 수 없었던 한 사람을 소개하려고 한다.

2010년 1월 말, 카이스트 캠퍼스에서 진행된 신입생 오리엔테이션에서 나는 새내기 배움터 4반에 배정되었다. 새내기들이 아직 풀리지 않은 날씨처럼 서로를 경계하며 눈치만 보고 있을 때였다. 처음 만나는 사람들과 함께하는 새로운 시작. 우리가 다른 사람들 눈엔 괴짜처럼 보이는 카이스트 학생일지 모르지만 당시 우리는 갓 입학해 들뜬 마음으로 앞으로 펼쳐질 낭만적인 대학 생활을 꿈꾸던, 그 어떤 대학의 그 누구보다도 평범한 신입생들이었다. 남자 여자 할 것 없이 아직은 어색하고 뻣뻣한 새 옷을 차려입고 하늘하늘한 발걸음을 걷던 우리는 딱 봐도 신입생 티가 났다.

이 와중에 한 사람이 유난히 눈에 띄었다. 한껏 치장을 했음에도 가려질 수 없는 신입생 특유의 앳됨과 서투름 때문에 대충 비슷하게만 입기라도 했으면 어찌 되었든 신입생들 중 한 명으로 보였을 것이다. 처음에 나는 그가 새내기 배움터를 지도하러 온 2학년 선배인 줄 알았다. 마치 도서관에서 공부를 하다가 책을 아무렇게나 쑤셔 넣고 허겁지겁 달려온 사람을 생각나게 하는 그의 가방은 둘째 치더라도, 얼굴의 반을 덮는 큰 뿔테 안경과 약간 떡 진 것 같은 머리, 빛바래고 헐렁한 청바지와 후줄근한 후드 티는 그를 여느 신입생들과 달라 보이게 만들기에 충분했다.

며칠간 오리엔테이션은 계속되었다. 유난히 눈에 띄던 그 사람은 나보다 한 살 많은 오빠였다. 오리엔테이션 내내 그 오빠는 이곳에 전혀 관심 없는 사람이 억지로 끌려와 힘겹게 적응해 가는 것처럼 보였다. 그는 아무도 웃지 않는 썰렁한 너드(nerd)식 농담을 던졌으며 앞으로의 수업을 걱정하는 신입생들 사이에서 수학자 누가 어쨌고 물리의 본질이 어쩌고 하며 아무도 공감할 수 없는 이야기를 했다. 그의 마음은, 아무 생각 없이 게임하고 놀던 우리와 동떨어진 다른 세계에 가 있는 것 같았다. 그래도 우리는 당시 그 누구와도 친해질 수 있는 신입생이었고, 그 오빠와도 역시 말을 트고 함께 밥을 먹는 사이가 되었다. 그러나 우리 모두의 뇌리에는, 그가 술에 취하면 철학자와 수학자 들의 이야기를 들먹이는, 우리와는 조금 다른 특이한 사람이라는 인식이 각인되어 갔다.

그러다 첫 수업, 첫 퀴즈, 첫 시험을 거치며 우리는 그와 친밀한 관계를 유지한 것이 엄청나게 유익한 결정이었음을 깨달았다. 그는 첫인상에서 어느 정도 예상했던 대로 소위 말하는 '에이스'였다. 나를 비롯한 몇몇 새내기 배움터의 아이들은 첫 중간고사를 준비하면서 그 오빠의 도움을 받았다. 학기 초, 한창 친구를 사귀고 동아리에 가입하고 놀러 다니기에 바빴던 우리가 이렇게 딴짓을 하는 동안 오빠는 자신이 그렇게 좋아하던 수학자, 물리학자 들과 그들의 세계에서 씨름했던 것이다.

함께 수업을 들었기 때문에 우리가 그와 조금 더 친해진 것은 사실이지만 여전히 그 오빠는 우리에게 이해할 수 없는 존재였다.

언젠가 함께 저녁을 먹으며 내가 물었다.

"오빠는 안 놀아? 어차피 오빠는 시험에 나오는 거 다 알잖아. 오늘 밤에 우리 반 다 같이 어은동에 놀러 가는데 오빠는 안 갈 거야?"

"오늘은 수학을 공부할 거야. 인간이 수학을 알아야지. 수학은 아름다운 거야."

간드러지면서도 결의에 찬 그의 말투에 약이 오르기까지 했다.

"도대체 엡실론 델타(Epsilon-delta)가 뭐가 아름다워?"

내가 반문했다.

"내 고등학교 수학 스승님께서는 수학이란 정의에서 시작되는 학문으로 정의로부터 정교한 논리를 도출하는 과정이 진정 아름다운 거라고 말씀하셨지. 그거야말로 진정한 아름다움이야."

이쯤 되자 더 이상 나도 반문하지 않았다. 다만 고등학교 수학 스승님이라는 작자가 누군지 궁금할 뿐이었다. 오빠에게 밤의 유흥 따위는 수학에 비교도 되지 않을 만큼 가치 없는 일이었다.

그는 학문을 사랑했다. 너무 사랑한 나머지 자기만의 세계에 갇혀 있어 앞으로 저 사람이 인생을 어떻게 살아갈까 궁금하기도 했다. 그는 『박사가 사랑한 수식』(이레, 2004)에 나오는 '박사'나 〈빅뱅 이론〉(인기리에 방영되고 있는 미국 드라마)에 나오는 '쉘든'과 같은 사람이었다. 오빠는 매일같이 두꺼운 책 속에 파묻혀 지냈으며 하루 종일 학문만 탐구하며 살고 싶다고 했다. 그는 학문을 깨우침에 있어서 기쁨과 즐거움을 얻는 듯했다. 수학에 아름다움을, 물리·화학 등의 순수과학에선 경이로움을 느낀다고 했다. 우리는 끝끝내 그를 이해하지 못했고 그는 한 학기를 다닌 후, 시험을 위한 공부에 염증을 느끼고 학문에 대한 깊은 탐구를 스스로 하고 싶다며 두 번째 학기 때 휴학했다. 그는 '상대성 이론'을 탐구하기 위해 휴학한 것이다.

열정은 학문을 발전시키는 원동력

한동안 그를 만나지도, 소식을 듣지도 못했다. 한 학기가 지났고 그가 복학했을 것이 분명했다. 그 사이 나는 2학년이 되었고 새내기 배움터 반에서 만났던 친구들은 각자 자신의 전공 수업을 듣기 시작했다. 더 이상 다 같이 듣는 수업은 없었으며 교류는 아주 뜸하게 이루어졌다. 그 오빠도 마찬가지였다. 나에게 그 오빠는 이해할 수 없는 공부 괴짜에 불과했고, 그 오빠에게 나는 학문을 이해하지 못하는 놀기 좋아하는 아이였을 것이다. 그와 나는 서로 만날 일이 없었다.

그를 다시 만난 것은 세 학기가 지나서였다. 그야말로 우연이었다. 그와 나는 같은 수학 강의를 들었다. 학기 첫날, 수강 인원이 100명에 육박하는 대규모 강의실에서 나는 맨 뒤에 앉아 아는 사람이 없나 두리번거리고 있었다. 그런데 앞에서 두 번째 줄에 앉아서 열심히 필기를 하고 있는 후드 티를 입은 그가 보였다. 수업이 끝난 뒤 그도 나를 발견한 듯했다. 머리는 좀 깔끔해졌지만 신입생 오리엔테이션 때와 달라진 것 없이 얼굴을 반쯤 가리는 커다란 뿔테 안경, 전혀 신경 쓰지 않은 것 같은 헐렁한 청바지에 후드 티 차림은 그대로였다.

"오랜만이야, 오빠. 상대성 이론 공부는 다한 거야?"

오랜만에 만난 그에게 내가 인사처럼 던진 말이었다. 덕분에 나는 1년 반 동안 어떻게 지냈는지에 대한 안부보다는, 알아들을 수 없는 상대성 이론에 대한 장황하고도 철학적인 설명을 들어야 했다.

그와 같은 수업을 들었기 때문에 나의 한 학기가 수월해진 것은 말할 것도 없었다. 아주 오랜만에 만났음에도 불구하고 그 오빠는 내 과제를 기꺼이 도와주었다. 하지만 나는 이때 무언가 미묘하게 어긋나는 것을 느꼈다. 내가 아는 그는 학문을 사랑하는, 학문밖에 모르는 너드였다. 내가 가장 처음으로 어긋남을 느낀 것은 일주일에 세 번 있던 수업에 그 오빠가 세 번에 한 번 꼴로 출석한다는 것을 알았을 때였다. 두 번째는 과제였다. 그와 나는 교양 분관에서 같이 밤을 새우며 과제를 하곤 했다. 밤을 새우며 한 과제임에도 불구하고 (그 수업의 반 이상의 학생이 과제를 제출했다.) 그 오빠가 제출하지 못했다는 사실은 나로서는 납득하기 힘들었다. 마지막으로 잘못됐음을 느낀 것은 중간고사였다. 내 기억으로는 시험지를 가장 빨리 제출하고 나갔음에도 가장 높은 점수를 받던 그였다. 평균에도 미치지 못한 점수를 받는다는 것은 말도 안 되었다.

함께 듣던 과목의 중간고사 점수가 발표된 날, 나는 더 이상 참지 못하고 그에게 물었다.

"이제 수학에 대한 사랑이 식은 거야?"

"아니, 그건 아닌데……."

오빠가 말꼬리를 흐렸다.

"내가 요즘 게임을 좀 하느라."

이 오빠도 결국은 세속을 즐기는 평범한 사람이었던 것인가.

"아, 그럼 이제 수학보다 게임이 더 좋은 거야?"

"아니, 그것도 아닌데……."

그는 휴학을 한 뒤 집에서 상대성 이론에 대해 공부를 했다고 한다. 여러 물리학자들의 저서를 읽으며 굉장히 행복했다고 했다. 앞으로 수강할 수학과 과목들도 미리 공부했으며 수학은 가장 철학적인 학문이라 철학 서적도 잔뜩 읽었다고 했다. 복학을 한 후 남은 기초 필수 과목들을 들으며 현대 물리를 더 공부했다고도 했다. 그런데 어느 순간, 문득 이런 생각이 들었다고 했다.

'내가 이렇고 학문을 깨우치면…… 그럼 그다음엔 뭐?'

그는 학문을 좋아했다. 엄밀히 말하면 이론을 좋아했다. 칠판에 알 수 없는 수식들을 잔뜩 써 내려가다가 어느 순간 '아!' 하고 깨달으면 기뻐하는 그런 부류의 사람이었다. 그런데 어느 순간 이것이 대체 무슨 소용이 있는 것인가란 생각이 들었으며 그 이후로 슬럼프에 빠진 것 같았다. 그가 드디어 혼자만의 이론의 세계에서 갇혀 살다가 밖으로의 연결 고리를 찾는 것이 아닌가 싶었다.

"나로 인해 물리학이 달라지는 것이 뭐지?"

그 오빠가 물었다.

"없지 않아?"

내가 대답했다. 그는 살짝 기분이 상한 것 같았다.

그래서 내가 덧붙였다.

"아니, 아직은 없잖아."

얼마 지나지 않아 그는 내가 아는 너드로 돌아왔다. 게임은 끊었으며 학기말 고사 때는 다시 평균을 훨씬 웃도는 성적을 받았다. 다시 내가 알던 학문을 사랑하는 사람으로 돌아온 것이다. 그는 현대물리와 관련된 학회지와 논문 등을 찾아보기 시작했고 최근 연구되고 있는 내용에 관심을 갖기 시작했다. 나는 그 오빠와 매 학기 같은 수학과 수업을 하나씩은 들었는데 자신이 읽은 내용을 전혀 알아듣지 못하는 나에게 장황하게 설명하기도 했다.

그는 4년, 재학 학기 7학기 만에 학사 과정을 마쳤다. 지금은 물리학과 연구실에서 자신이 그렇게 좋아하던 학문 공부를 하루 종일 하고 있다. 오늘도 그는 헐렁한 청바지를 입고 큰 뿔테 안경을 쓰고서 자신이 학문에 어떻게 이바지할 수 있을까를 치열하게 고민하며 사랑하는 학문을 하러 길을 나설 것이다. 언젠가 그 오빠가 그렇게 고민했던, 물리학이 그로 인해 달라질 수 있을지도 모른다. 과학자가 진정으로 멋있을 때는 그가 비록 외적으로 조금 부족하더라도 학문을 사랑하고 그것을 발전시키고자 치열히 노력할 때가 아닐까.

'딜라이트'는
보청기 회사가 아니다

-㈜Delight 김정현 대표 인터뷰

화학과 11 임대근

'적정기술'이라는 말을 들어 본 적 있는가? 흔히 99퍼센트를 위한 기술, 소외된 약자를 위한 기술이라고 풀이되는 적정기술은 가끔 시장 경쟁력이 없는 기술, 대중성이 없는 기술이라는 오해를 받기도 한다. ㈜Delight(이하 딜라이트)는 국내에서 유일하게 적정기술을 이용하여 보청기 시장에서 성공을 거둔 사회적 기업이다. 게다가 각종 대회 수상 경력에 사회적 기업으로는 최초로 벤처 기업 인증까지 받아 대한민국 국가 대표 사회적 기업이라 할 수 있다. 그렇다면 딜라이트는 어떻게 그들만의 실험이 될 수 있는 적정기술을 시장에 성공적으로 도입할 수 있었을까? 궁금해서 찾아가 봤다.

비즈니스 모델에 대한 고민과 해결

　적정기술에 있어서 딜라이트가 첫 번째로 고려한 것은 사회적 문제, 즉 시장이었다. 딜라이트가 처음 시작할 당시 보청기는 100퍼센트 맞춤 제작으로 가격대가 높아 구매력 있는 노년층의 사치품으로 여겨졌다. 딜라이트는 이런 상황에서 저소득의 청각장애인들도 보청기를 쓸 수 있는 방법이 없을까 고민하며 시작된 '사회적 기업'이다. 눈이 나쁜 사람은 안경을 쓰고, 이가 빠진 사람은 틀니를 하는데 유독 청각장애에 대해서만 보청기에 대한 가격 장벽이 높다는 것을 인지한 것이다. 딜라이트는 이런 문제의 해결책으로 적정기술을 주목했다. 커널형 이어폰에 널리 쓰이는 실리콘 이어팁을 보청기용으로 개량하여 보청기의 기성화를 시도한 것이다. 몇 번의 시행착오 끝에 보청기 기술을 표준화하는 데 성공했고, 지속적 혁신을 통해 보청기 시장의 대중화를 이뤄 낼 만한 경쟁력을 갖추게 된다.

　김정현 대표는 적정기술에 대해 제품 개발은 어떻게 해야 하고 기술 선택은 어떤 것이 좋은지 설명해 주었다. 하지만 기술적인 부분보다 시장에 집중해야 한다며 비즈니스 모델을 강조했다. 결국 딜라이트에 있어서 적정기술은 제품을 만드는 기술이 아니라 소외된 사람들에게 가 닿을 수 있는 날개였던 셈이다.

　"일단 적정기술이라는 데 많은 분들이 관심을 갖는 것 같은데 어떤 특정한 문제를 해결하는 방법에 기술적인 부분을 포함하는 게 적정기술인 것 같아요. 하지만 기술이 아무리 좋아도 잘 뿌려지지 않으면 효과를 내기가 어렵잖아요. 결국 기술은 필요한 사람들에게 적절하게 닿는 게 중요한 거니까요. 그러기 위해서 제품을 만들거나 기술을 연구하는 거고요. 그래서 비즈니스 모델을 잘 만드는 것도 적정기술의 한 부분인 것 같아요. 예를 들어 저개발국가 사람들이 필요로 하는 것을 만들었는데 어떻게 유통할지 몰라서 접는 경우가 많은데요. 문제를 해결하는 관점에서 끝까지 모든 과정을 다 생각해야 하는 거죠. 그런 점에서 딜라이트는 제품과 더불어 비즈니스 모델에도 신경을 많이 썼던 것 같습니다."

물론 시장성도 중요하지만 시장과 판매 수익만을 고려해서는 사회적 기업이라고 부를 수 없을 것이다. 사회 문제를 대하는 진지한 자세, 그 진정성에서 우리는 사회적 기업을 찾을 수 있다. 딜라이트는 보청기가 더 절실한 사람들을 위해 시장을 포기했다.

"처음에는 누구나 작게 시작하잖아요. 저희도 작게 시작했습니다. 정부에서 보청기 구매에 지원하는 일정 금액이 있었고, 그 금액에 맞춰서 판매할 수 있는 보청기를 제한적으로라도 만들어 보자고 시작했지요. 그러면 저희가 비즈니스를 하는 돈이 없어도 본인들의 난청을 해결할 수 있을 테니까요. 그렇게 보청기를 만들기 시작했는데 생각보다 필요로 하는 분들이 많아서 그 수요만큼 저희가 공급할 수 없었습니다. 그래서 제한을 해야겠다고 생각한 거죠. 지금도 저희는 이 부분을 고민하고 있는데요. 소득이 굉장히 낮은, 특히 노인분들은 커뮤니케이션을 할 수 있는 수단이 굉장히 제한적입니다. 젊은 사람들은 인터넷을 할 수 있는데 노인들은 기껏해야 텔레비전, 신문, 직접 만나는 것 말고는 소통할 수 있는 수단이 없거든요. 그래서 그분들한테 저희의 서비스가 제대로 닿지 못한다는 의견이 있었어요. 그래서 우리 본질에서 어긋나는 것 같다, 좀 제한을 하면 좋겠다고 해서 판매 시장을 제한하기로 했습니다.

지금은 회사 규모가 커지니까 지역 사회들과 연결할 수가 있어요. 그래서 그 지역 사회 내에서 그분들(저소득층)과 접점을 찾고 저희가 공급하는 방식으로 하고 있습니다. 어떤 관점에서 보면 회사 규모가 커진 것으로 볼 수도 있지만 (보청기가) 절실히 필요한 사람들에게 닿고자 했던 저희의 지향점이 이뤄지고 있는 것이죠.”

지금은 많이 누그러졌지만 인터뷰 당시만 해도 사회적 기업 관련 법과 제도 들이 굉장히 제한적이었다. 주로 고용노동부 주최로 이루어지던 사회적 기업 사업은 사회적 기업을 취약 계층 고용 기업으로 고정시켜 버렸고 이는 딜라이트가 국내에서 사회적 기업으로 커 나가는 데 장애물로 작용했다. 이러한 아쉬움을 김정현 대표는 ‘커뮤니케이션의 부재’로 일축했다.

“커뮤니케이션이 잘 안 되는 것 같아요. 취약 계층의 문제를 고용해서 해결하는 것도 있지만 저희처럼 그들에게 필요한 제품이나 서비스를 만드는 방식도 있을 수 있는데 고용 쪽으로만 초점이 맞춰져 있는 것 같아요. 다른 나라들 사례를 보면 오히려 저희 같은 방식이 더 많거든요.

또 저희처럼 그 사람들이 필요로 하는 제품과 서비스를 만들어 내는 방식이 더 파급력이 있을 수밖에 없는 것 같아요. 고용을 한다는 것 자체가 제한적이잖아요. 제품이나 서비스는 복제가 가능하니까 사회적인 파급력이 큰 거죠. 어떤 사회적 문제에 대해 해결하는 방식의 차이겠지만 이런 방법(제품과 서비스를 공급하는 방식)이 잘 알려져 있지 않다는 건 좀 아쉽습니다. 인식이 잘못되어 있지 않나 싶어요.

사회적 기업에 투자하거나 사회 문제 해결을 위해 투자하는 걸 '임팩트 투자(Impact Investment)'라고 하는데 외국에선 임팩트 투자를 위한 환경이 잘 되어 있는 경우가 많거든요. 우리나라에선 사회적 임팩트를 객관화시켜서 수치화하기 어렵다는 이유로 많이 꺼리는데 그렇다고 해서 안 할 건 아니잖습니까. 사업을 하려면 재정적인 부분이 해결되어야 하는데 그게 잘 안 되니까요. 그래서 국내에서 크게 성장하는 사회적 기업이 드문 듯합니다."

현재 정부 측 대표 사회적 기업 지원 기관인 '한국 사회적 기업 진흥원'에서는 사회적 기업에 대해 '사회적 목적을 우선적으로 추구하면서 영업 활동을 수행하는 기업 및 조직'이라고 정의하고 있다. 여기서 사회적 목적이란 1) 취약 계층에게 일자리 또는 사회 서비스 제공, 2) 지역 사회 발전 및 공익 증진, 3) 민주적 의사 결정 구조(서비스 수혜자, 근로자, 지역 주민 등 이해관계자가 참여), 4) 수익 및 이윤 발생 시 사회적 목적 실현을 위한 재투자(상법상 회사, 이윤의 3분의 2 이상) 이상 네 가지 요소로 못 박아 두고 있는데 여기에 부합하는 기업만 사회적 기업으로 인증받을 수 있어 취약 계층에게 제품을 판매하는 딜라이트 같은 기업들은 국내에서 아직 사회적 기업으로 인증받지 못하고 있는 실정이다. 이는 적정기술을 바탕으로 사회적 기업을 시작하려는 공학도들에게 큰 걸림돌이 되고 있으며 국내 적정기술 운동이 국내 소외 계층에게 가 닿지 못하고 해외 공적개발원조(ODA) 사업 혹은 국제 구호 관련 비영리 단체 쪽에서 맴도는 원인 중 하나로 지적되고 있다.

계속되는 도전, 딜라이트는 단순한 보청기 회사가 아니다

딜라이트의 성공 요소 세 번째는 지속적인 혁신과 도전 의식이다. 맞춤 제작하는 보청기를 이어팁으로 바꾸고, 최근엔 3D 프린터를 이용하여 값싼 맞춤식 보청기를 제작한 아이디어는 딜라이트 운영진의 지속적인 혁신 의지가 없었다면 불가능했을 것이다.

"7월 6일이 저희 창립 기념일이거든요. 비즈니스적으로도 연 매출 50~60억을 올리는 것도 쉬운 게 아니고 이만큼 했으면 쉬어도 된다고 볼 수도 있는데 저희 관점은 좀 다른 것 같아요. 저희는 원하는 방향대로 사회가 변했으면 좋겠다는 생각으로 계속 도전하는 거거든요. 다른 사람들이 봤을 때 군이 왜 또 다른 사업을 고생해서 벌이냐고 하는데 저희는 계속 새로운 것을 해야 한다고 생각해요. 새로운 것들을 만들고, 다른 분들이 만드는 것도 필요하다면 돕고…… 아마 그렇게 하지 않을까 싶어요."

새로운 것을 한다는 말에 솔깃했다.

"여러 사업들이 진행되고 있는데 이렇게 말하면 또 누군가 서운해 할 수도 있겠지만 저는 이 사업이 제일 좋다고 생각해요. 보통 대학생, 대학원생들에게 학자금 영역은 지원이 되잖아요. 근데 그 외의 영역, 지방에서 올라온 친구들은 일하면서 학교 다니는 것도 그렇고, 공무원 준비하는 친구들의 숙식 등 생활비와 같은 외적인 영역에 대한 지원은 부족하더라고요. 그런데 그 친구들이 경제적인 배경이 없으니까 제1 금융권도 못 가고 보통 제2 금융권에서 해결한대요. 그래서 예를 들어 마이크로 크레딧처럼, 어차피 저희가 1억을 기부할 거라면 그 1억으로 더 많은 사람들한테 줄 수 있는, 그러니까 그런 친구들에게 대여를 해 줄 수 있는 사업을 하려고 하고 있어요. 보증은 없고요. 그냥 그 사람을 믿고 돈을 빌려주고 취업한 후에 돈을 벌게 되면 받는 거죠. 한번 사람을 믿어 보고 그 사람도 아무 조건 없이 돈을 받아 보는 거니까 굉장히 의미가 있겠다, 그렇게 생각하고 있습니다."

하고 싶은 것을 해라

청년들을 대상으로 하는 지원 사업에 관심이 많다면 그동안 그들에게 하고 싶은 말도 쌓여 있지 않았을까? 시중에 나온 자기계발서의 열이면 열 권이 하고 싶은 것을 하라고 말하지만 김정현 대표의 말처럼 진심이 보이는 경우는 드문 것 같다.

"사회구조적으로 너무 답답하게 되어 있어서 정해진 길이 아니면 넌 낙오자다, 이렇게 낙인찍어 버리는 게 있어서 뭘 하라고 말하기가 어려운 것 같아요. 또 제가 말한다고 책임져 줄 수 있는 부분도 아니라서 답답한데 그래도 발언은 해야 하니까. (웃음) 글쎄요, 하고 싶은 걸 했으면 좋겠어요. 남들 의식 안 하고요. 잘 안 되더라도. 정말 잘 안 되면 할 말이 없지만 하고 싶은 걸 하면 즐겁게 사는 거니까 그렇게 했으면 좋겠어요.

그리고 사회적 기업이든 어떤 것이든 창업을 해 보는 건 의미가 있는 것 같아요. 그 사람의 삶을 놓고 보면 남을 위해 태어난 것이 아니라 자기가 뭔가 하기 위해서 태어난 거잖아요. 그러니까 그 구조대로 따라가는 게 아니라 자기가 하고 싶은 게 있으면 일단 해 보는 시간을 가져 봤으면 좋겠어요. 다른 안들을 알려고 노력하고 많이 검토해 봤으면 좋겠어요. 또 창업하는 동안에 문제가 생기고 해결하기 위해선 공부를 해야 하니까 많은 도움이 되더라고요. 다시 구조적인 얘길 하자면, 창업을 했던 친구들인데 좋은 직장에 가지 못한 경우는 못 본 것 같아요. 비슷한 조건의 사람이면 전체적인 것을 아는 사람이 와서 비즈니스를 해주길 원할 테니까요. 그게 취업을 위해서도 빠른 길인 것 같아요. 물론 취업을 위해 하란 말은 아니지만 손해 보지는 않는다 정도?"

인터뷰 중에 김정현 대표는 특유의 위트를 보여 주곤 했다. 원하는 사회상을 묻는 질문에 자기가 무슨 생각이 있겠냐고 말했지만, 급여를 직원들보다 많이 받지 않는 것이 신기하다는 말에 그냥 받기 싫으면 안받는 거 아니냐고 말해 그가 원하는 사회상을 그려 볼 수 있었다. 그의 본심은 이런 위트에 담겨 있지 않았나 싶다. 솔직하고 소소하게 가 닿는 것, 그러면서 도전을 놓지 않는 것. 이런 것들이 그저 평범할 수도 있는 기술을 적정기술로 만들고, 그냥 보청기 회사가 아닌 사회적 기업이 되게 만드는 따뜻한 철학이 아닐까 싶다.

💡 오한결

제3회 '내사카나사카' 글쓰기 대회를 준비
하던 5월에 시작된 편집이 이제 모두 끝났다.
편집 후기를 작성하면서 나는 또다시 고민에
빠졌다. 특별한 가이드라인 없이 자유로운
편집 후기를 작성하라고 하니 그 고민은 더
욱 깊어진다. 인문학적 창의력의 부족을 다시 한 번 느
꼈다. 그래도 태어나서 처음으로 출판 편집 과정을 해 봤는데 소감을
남기지 않는다면 너무 아쉽지 않은가.

돌이켜 보면 이 긴 과정의 시작은 미약했다. 논술 수업을 듣다가 알
게 된 '내가 사랑한 카이스트 나를 사랑한 카이스트' 글쓰기 대회. 한참
글쓰기에 흥미가 생기던 때라 평소 과학자의 신념과 의무에 대한 생각
을 자신 있게 글로 풀어냈다. 하지만 수상은 기대하지도 않았다. 그런
데 카이스트에서 글 좀 쓴다 하는 사람들은 이미 1회와 2회 대회에서
수상을 했는지, 나에게 우수상의 영광이 주어졌다. 내게 너무나 과분한
상이라 그저 상을 받는 것만 해도 감사한 일이라고 생각하며 시상식에
참여했다.

그런데 더 과분한 기회가 주어졌으니, 그것은 수상 작품들을 엮어
책으로 출간하는 작업에 학생편집자로서 참여하는 것이었다. 부담스
러웠지만 누군가는 해야 하는, 영광스러운 일이었다. 예전부터 나는 내

능력의 부족을 우려했는데 실제로 편집 작업은 녹록치 않았다. 하지만 탁월한 능력의 동료 학생편집자들과 출판사 관계자 그리고 교수님들의 아낌없는 지도 편달로 무사히 편집을 마치게 되었다. 다시 한 번 감사의 말씀을 드리고 싶다.

나는 어렸을 때부터 과학도를 꿈꿔 왔고 책읽기를 좋아했지만 과학도의 길을 걷는 청년들의 생생한 이야기를 담은 이런 책은 접할 수 없었다. 부디 이 책에 담긴 글들이, 우리와 같은 길을 꿈꾸는 독자들의 앞을 비추는 빛이 되었으면 좋겠다.

💡 정서윤

'내가 사랑한 카이스트 나를 사랑한 카이스트' 글짓기 대회에 출품할 글을 쓰며 무척 설레었던 기억이 납니다. 기대하지 못한 상을 받고 참 기뻤었죠. 막 더워지던 무렵이었는데 벌써 여섯 달이 훌쩍 지나가 버렸네요. 책이 나올 즈음엔 더 쌀쌀해지겠지요. 어쩌면 함박눈이 내리고 있지 않을까 기대합니다. 학생편집자로 활동하면서 다른 분들의 글을 읽고, 어떤 내용을 더 실어야 할까 동료들과 논의하고, 적절한 사진을 찾는 등 정신없는 학교생활 중 짬짬이 재미있는 경험이었어요. 자신의 글을 읽고 다듬어 본 적이야 많지만 다른 사람의 글을 다듬는 경험은 상당히 낯선 일이었습니다.

과학도에게 있어 글쓰기란 무엇인가 하는 생각을 해 봅니다. 발화(發話)와는 달리 상대방을 마주 대하지 못한 채로, 어떤 이야기를 완전한 형태로 풀어 나가는 일은 참 고된 작업이겠죠. 과학도로서도, 카이스트 학생으로서도 저는 아직 그리 오랜 시간을 살아오지는 않았지만 그럼에도 불구하고 누군가에게 전해 주고 싶은 이야기가 참 많습니다. 다른 분들도 마찬가지였을 것이라고 생각해요. 그것이 과학적 이슈에 대한 의견이든 각자 인간으로서 느끼는 감정이든 말이죠.

'내가 존경하는 과학자, 혹은 과학 동네 사람들 그리고 과학자의 자세에 대하여.'

이번에 모인 글들은 카이스트 학생들의 생활적인 측면보다는 솔직한 고뇌를 담고 있지 않은가 생각합니다. 우리가 어떤 마음으로 카이스트에서 생활을 해 나가고 있는지, 어떤 미래를 그리고 있는지, 어떤 과학도가 되고자 하는지에 대한 진솔한 이야기인 셈이죠. 제가 읽으며 공감하고 안타깝고 기뻐하며 외로움을 달랬던 만큼 독자들께도 마음이 전해졌으면 좋겠습니다.

독자들 중에는 과학도를, 어쩌면 카이스트의 입학을 꿈꾸는 후배들도 계시겠지요. 미세하지만 조금이나마 앞서 그 길을 걸어온 선배들이 들려주는 이야기를 기억해 주셨으면 하는 바람이 있습니다. 그리고 그분들이 또 다른 이야기를 남겨 주기를 기대합니다. 감사합니다.

💡 정유선

제3회 '내가 사랑한 카이스트 나를 사랑한 카이스트' 글쓰기 대회에는 많은 카이스트 재학생이 참여했다. 시상식에서 심사위원들은 올해 글들을 특히 더 감명 깊게 읽었다고 한다. 나는 지난 5개월간 학생편집자로 활동하면서 이러한 심사위원들의 말에 크게 공감할 수 있었다.

글을 쓰는 데에 제일 중요한 요소는 모든 글자에 글쓴이의 생각을 입히는 것이라고 믿는다. 또 글쓴이의 지식과 생각이 화려한 글솜씨에 가려지지 않고 투명하게 보이는 것이 좋은 글이라 생각한다. 그런 면에서 이 책에 담긴 글들은 아주 훌륭하다.

스물다섯 편의 글 모두 개인적이며 진솔한 이야기를 담고 있다. 내가 개인적으로 존경하는 과학자, 내가 생각하는 바람직한 과학자의 모습 그리고 내 주변의 이상한(?) 사람들의 이야기까지, 하나도 빠짐없이 즐겁게 읽을 수 있었다. 몇몇 글들을 읽으며 이 사람들을 직접 만나 이야기를 나누어 봤으면 하는 충동이 생기기도 하였고, 또 다른 글들을 읽으며 그들의 열정을 본받고 싶었다. 스물다섯 명의 글쓴이들이 모두 모였던 시상식에서 어영부영 그들과 제대로 대화 한 번 못해 보고 서둘러 나왔던 것이 후회가 되는 5개월이었다.

이 글들을 통해 독자들은 평소 접할 기회가 많지 않았던 카이스트 학생들의 이야기를 들을 수 있다. 다른 사람들에게 비추어진 카이스트의 전형적인 이야기가 아니라 카이스트 학생들을 통해 직접 듣는, 진솔하지만 뻔하지 않은 이야기 말이다.

💡 박지원

지난 학기를 뜨겁게 불태웠던 '내가 사랑한 카이스트 나를 사랑한 카이스트' 글쓰기 대회의 결실이 드디어 세상에 나오게 되었습니다. 나는 글쓰기에는 항상 자신이 없다고 생각했기 때문에 대회에서 상도 타고 학생편집자까지 맡게 될 줄은 꿈에도 상상하지 못했습니다. 편집 후기를 쓰는 지금도 내 글이 실린 책이 정말 출판이 되는 게 맞나 싶어 믿기지가 않습니다.

이 책이 나오게 된 과정은 개인적으로, 나에 대한 재발견의 기회가 되었습니다. 나의 롤 모델 테오 얀센에 대한 글을 쓰면서 내가 가고 있는 길에 대한 확신이 생겼습니다. 그리고 그렇게 쓴 글이 상을 타고 더 나아가 학생편집자 일을 하면서, 무조건 어렵다고만 생각했던 글쓰기를 나 역시도 할 수 있다고 깨달았고 자신감도 붙었습니다. 내가 쓴 글이 누군가에게 읽혀지고, 과학도의 꿈을 키우는 데 조금이나마 보탬이 될 수 있겠다는 생각에 무척이나 가슴이 뜁니다.

나도 카이스트에서 공부하고 경험하면서 성장해 나가는 학생에 불과하지만, 이 책을 보고 있을 과학도의 꿈을 키우는 분들에게 이 이야기를 꼭 해 드리고 싶습니다. 자기 자신에게 그리고 자신이 공부하고 연구하는 분야에 대해 한계를 짓지 않았으면 좋겠습니다. 제가 쓴 글의 주제인 테오 얀센은 '키네틱 아트'라는 조각을 만드는 예술가입니다. 하지만 그는 물리학을 전공한 공학자였고, 벌레의 움직임을 관찰하는 것을 좋아하는 생물학적 호기심이 가득한 사람이었습니다. 이러한 다방면의 호기심이 그를 21세기의 레오나르도 다 빈치라 불리게 만들었습니다. 이 책을 읽을 여러분도 스스로의 한계를 짓지 말고 여러 분야를 아우를 수 있는 훌륭한 과학도로 성장할 수 있기를 응원합니다.

카이스트 영재들이 반한 과학자

펴낸날	초판 1쇄 2015년 1월 1일
	초판 4쇄 2019년 3월 28일

지은이	오한결, 정유선, 박지원, 정서윤 외 카이스트 학생들
펴낸이	심만수
펴낸곳	㈜살림출판사
출판등록	1989년 11월 1일 제9-210호

주소	경기도 파주시 광인사길 30
전화	031-955-1350 팩스 031-624-1356
기획·편집	031-955-4665
홈페이지	http://www.sallimbooks.com
이메일	book@sallimbooks.com

ISBN	978-89-522-3041-6 43400

이 도서의 국립중앙도서관 출판시도서목록(CIP)은 서지정보유통지원시스템 홈페이지
(http://seoji.nl.go.kr)와 국가자료공동목록시스템(http://www.nl.go.kr/kolisnet)에서
이용하실 수 있습니다.(CIP제어번호: CIP2014034942)